周　期　表

10	11	12	13	14	15	16	17	18
								₂He ヘリウム 4.003
			₅B ホウ素 10.81	₆C 炭素 12.01	₇N 窒素 14.01	₈O 酸素 16.00	₉F フッ素 19.00	₁₀Ne ネオン 20.18
			₁₃Al アルミニウム 26.98	₁₄Si ケイ素 28.09	₁₅P リン 30.97	₁₆S 硫黄 32.07	₁₇Cl 塩素 35.45	₁₈Ar アルゴン 39.95
₂₈Ni ニッケル 58.69	₂₉Cu 銅 63.55	₃₀Zn 亜鉛 65.38	₃₁Ga ガリウム 69.72	₃₂Ge ゲルマニウム 72.63	₃₃As ヒ素 74.92	₃₄Se セレン 78.97	₃₅Br 臭素 79.90	₃₆Kr クリプトン 83.80
₄₆Pd パラジウム 106.4	₄₇Ag 銀 107.9	₄₈Cd カドミウム 112.4	₄₉In インジウム 114.8	₅₀Sn スズ 118.7	₅₁Sb アンチモン 121.8	₅₂Te テルル 127.6	₅₃I ヨウ素 126.9	₅₄Xe キセノン 131.3
₇₈Pt 白金 195.1	₇₉Au 金 197.0	₈₀Hg 水銀 200.6	₈₁Tl タリウム 204.4	₈₂Pb 鉛 207.2	₈₃Bi ビスマス 209.0	₈₄Po ポロニウム 〔210〕	₈₅At アスタチン 〔210〕	₈₆Rn ラドン 〔222〕
₁₁₀Ds ダームスタチウム (281)	₁₁₁Rg レントゲニウム (280)	₁₁₂Cn コペルニシウム (285)		₁₁₄Fl フレロビウム (289)		₁₁₆Lv リバモリウム (293)		

₆₄Gd ガドリニウム 157.3	₆₅Tb テルビウム 158.9	₆₆Dy ジスプロシウム 162.5	₆₇Ho ホルミウム 164.9	₆₈Er エルビウム 167.3	₆₉Tm ツリウム 168.9	₇₀Yb イッテルビウム 173.0	₇₁Lu ルテチウム 175.0
₉₆Cm キュリウム 〔247〕	₉₇Bk バークリウム 〔247〕	₉₈Cf カリホルニウム 〔252〕	₉₉Es アインスタイニウム 〔252〕	₁₀₀Fm フェルミウム 〔257〕	₁₀₁Md メンデレビウム 〔258〕	₁₀₂No ノーベリウム 〔259〕	₁₀₃Lr ローレンシウム 〔262〕

ある．安定同位体がなく天然の同位体存在比が一定していない元素については，

化学のミニマムエッセンス

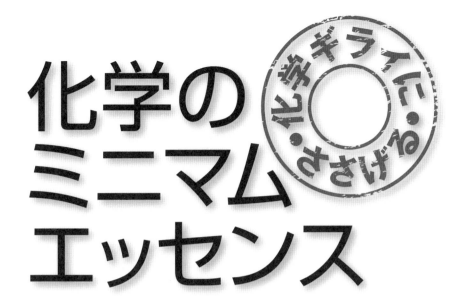

化学ギライに ささげる

MINIMUM ESSENCE

車田研一 著

裳華房

"Laid-back" Learning of Fundamental Chemistry
—Minimum Items Based on High School Chemistry—

by

KENICHI KURUMADA

SHOKABO

TOKYO

目 次

第 **0** 章　はじめに　—すこし長い前置きと，本書の使い方—

第 **1** 章　化学結合のパターンの"カン"を身に付けよう

　§1-1　元素周期表のミニマム知識　—このくらいは覚えておこう—　　8
　§1-2　価電子　14
　§1-3　同素体と同位体，単体と化合物　16
　§1-4　純物質と混合物，分子式と組成式　18
　§1-5　イオンのふるまい　21
　第1章のまとめ　23

第 **2** 章　"モル"の計算がじつはいちばん大事！
　　　　　　　—化学量論の超基本—

　§2-1　ほしい濃度の溶液を得るための計算　25
　§2-2　気体の場合のモル計算　—いつも体積に要注意！—　31
　§2-3　化学反応を伴うモル計算　—反応量論の基礎の基礎はコレ—　36
　§2-4　少し複雑な化学反応が関わる場合　—錯イオンや有機化合物—　42
　第2章のまとめ　47

第 **3** 章　大学で学ぶ"化学熱力学"の
　　　　　　　準備としての"熱化学方程式"
　　　　　　—熱は生成物？　それとも状態の指標？—

　§3-1　"熱"をどのような量ととらえるか
　　　　　　—生成物か？　状態の指標か？—　49
　§3-2　実際に，二通りの考え方で問題を解いてみよう　52
　§3-3　熱に関係するいろいろな問題を解いてみよう　59
　第3章のまとめ　65

目 次

第4章 酸・塩基・中和 —最低限頭に入れておきたいこと—

§4-1 「酸」と「塩基」の定義について　67
§4-2 酸と塩基の中和の量論計算　—ここが最も肝腎—　70
§4-3 再び「酸」と「塩基」の定義について
　　　　—ルイス酸・塩基への考え方の拡張—　78
§4-4 「酸素」が「酸」をうみだす事例　—オキソ酸—　80
第4章のまとめ　82

第5章 酸化・還元は"酸素"とは切り分けて考える
　　　　—"酸化数"は大事な指標，電気へつながる化学反応—

§5-1 酸化・還元反応のイメージ　84
§5-2 いろいろな酸化・還元反応　86
§5-3 「酸化数」を用いて酸化・還元反応を理解する　87
§5-4 酸化数の変化から反応量論を考える　95

第6章 電気をつくる酸化・還元反応
　　　　—電子のやりとりで理解する—

§6-1 酸化・還元反応と電気の流れ　—反応量論関係が重要—　98
第5・6章のまとめ　115

第7章 "とりあえずこれだけは"的有機化学
　　　　—エンジニアの常識，あるいは，教養としての有機化学—

§7-1 有機化学の基本パーツとしての官能基　119
§7-2 有機化学の最も基本的な事項の確認　121
§7-3 異性体あれこれ　—有機化学では原子の並び方が重要—　130

第8章 "とりあえずこれだけは"的有機化学反応

§8-1 最も基本的な有機化学反応を知っておこう　139
§8-2 有機化学反応のちょっと大事なマメ知識　153
第7・8章のまとめ　160

第9章 センター化学にみる，
　　　　　"これくらいは覚えておいてほしい"常識
　　　―無機化学を中心に，最低限頭に入れておきたい化学の雑学―

§9-1 日常であう"化学"から学ぼう　162
§9-2 "金属"のマメ知識　171
§9-3 "固体"のマメ知識　180
§9-4 "気体"種のマメ知識　184
§9-5 無機化学のマメ知識　190
第9章のまとめ　200

あとがき　201

索引　202

本書で使用した問題は，独立行政法人 大学入試センターの許諾を得て転載しています．

第0章 はじめに
―すこし長い前置きと，本書の使い方―

　はじめにいっておきますと，本書は「化学が充分にできる大学生・高専生」を対象に書かれたものではありません．反対に，化学の勉強が追いつかなくなり，多少苦痛を感じ始めている人や，大学入試などのときに一通り化学の勉強をしたはずなのにすっかり忘れてしまって，今になって復習をしておきたい人に向けて書かれています．また，「(諸分野の技術者や，意欲的な文系・境界領域系の学生諸氏が身に付けておくと有益な) 最低限の化学的な知識」を学んでおくための読みやすいたすけ本にすることを意識しています．

　本書は，大学初年次以降の化学の入門書としては少し変わった視点で書かれています．そこで，読者の皆さんの無用の混乱や心配を避けるために，書の最初の部分で，本書がそうなった経緯と，本書の使い方についていくらかの説明をしておく必要があると考えました．化学というのは確かに自然科学系基礎科目の一つなのですが，ひたすら化学だけ勉強していればよいといった性質のものではありません．また，いかに化学が現代の物質文明の基礎になっているからといっても，実情としては，世の中の大多数の人が自分から深い関心を抱くことを期待できるようなものかといわれると，それは難しいと思います．このような中，化学をどこまでやっておけばよいのだろうか，という難しい懸案には，筆者なりにできるだけ真摯に向きあうつもりで本書を書きました．

　本書を著すにあたって，筆者がさんざんに頭を悩ませたのは，高等教育課程 (大学，高等専門学校高学年次など) 向けの自然科学領域の"古今の名著"といわれるようなすぐれた学習参考書があまたある中で，どのようなタイプの内容が学習者の机上で役に立ちうるかという自問自答でした．「化学」の参考書を作ってみませんか，というお話をいただいたとき以来，どのようなしろものが書けるというのだろうかといささか不安に思い，手あたりしだい，1950年以降の化学の入門参考書を読んできました．たとえば，いま筆者の目の前に，培風館発行，竹林保次著の『化学精義 (上下巻，昭和25年初版)』があります．

第0章 はじめに

　いまから60年以上も前に出版された参考書で，最初に読んだ折は，これはなんと格調が高い大学生向けの化学の参考書か！と思ったのですが，よくみると，当時の（新制）高等学校の生徒向けに作られているようですし，書中の演習問題は当時の国立大学を中心とする大学の入試問題のようなのです．本のスタイルとしてはちょっと旧いかなぁ…，という感じはします．けれども率直にいって，現在17歳〜18歳の高校三年生はおろか，理系，否，化学科の大学二年生でも，この内容を八割がたマスターしていれば，まったく知識不足ということはなく，逆にすばらしいと思われます．ちなみに，上書の冒頭には，「自然科学の振興が工業を発展させ，輸出を盛ならしめ，国の経済力を強くしひいては国民生活を豊かにすることは世界の現状を見ればおのずから理解しうるところである」とあり，これだけの強い決意・魂・矜持（エートス）のもとで著された高等学校向けの大巻の参考書に比肩できるようなものは，いまのいまさら，自分などには到底書けないと思ってしまいました．

　しかし，多くの化学の参考書をこの齢になってから一冊また一冊とひもとき，一つだけ，ふと気づいたことがありました．それは，いずれの書も，読者に対する「化学という学問へのいざない」という色彩に満ちていることでした．それぞれの著者の「化学」への愛情がひしひしと紙面から伝わってくる，といったらわかりやすいかも知れません．まさに好きこそ物の上手なれです．…ところが，実際に教壇に立ってみると，現実は厳しいなぁ，と感じるときは多いのです．

　筆者の授業がいささかへぼに過ぎるのが原因かも知れないのですが，学生諸氏を目の前に講じていて，「（化学が好きな人を例外として）化学という科目や化学という分野自体に，授業を通して興味や関心を持ってもらおう」と考えること自体が，そもそも学生さんにとってみれば酷な注文なのではないでしょうか．（きょうび，もっと愉しいことがいくらでも周りに転がっているのですから… これは当たり前です．）

　というわけで，ここで開き直って，「化学など，とくにわざわざ勉強したいとも思えない」というのは当然だとしたら，そうであっても，とりあえずどのあたりまでのみこんでおけば，それほど痛い目に遭わなくてもすむか，という，

「ミニマム化学」の路線を考えようと思いました.

そうなると，"ミニマム"とは具体的にはどの範囲か，ということが問題になります．専門分野に関係する講義や解説執筆をすると，どうしても力みかえって，できるだけ多くをその内容に含めたくなってしまい，あれもこれも書いたり話したりしたくなってしまいます．この"ミニマムとはどの範囲か？"という自問に答えを出すのには，勇気が要りました．結論として，この点に関しては次のように考えています．

大学の工学部に勤めていたころ（〜2010年），たとえば卒業研究や大学院での学位に関わる研究活動で諸々の作文（要するに，"論文づくり"）を学生諸氏にしてもらわなくてはならないときに，大学入試を通過した時点ではせっかく身に付けてくれていたはずなのに，数年間の大学生活のなかで次第しだいに忘れてしまったがゆえに，こと細かな作文の修正が必要になってしまう場合が多いのはいかにも残念だと考えていました．せっかく勉強して大学へ入ったのだから，あのときにマスターしたことをわざわざ忘れてしまうこともないのに，と何度も感じました．（きっと筆者自身も学生時代，同じ理由で，指導してくださった先生方を歎息させたことでしょう．）

とくに，外国語（英語）と自然科学分野の要素的基礎科目（数学，物理学，化学）については，たった数年で忘れてしまうのではとてももったいなく思えます．その当時は，とりわけ英語に関してもったいないという感慨を強く持っていました．しかし，数学，物理学（とくに力学分野），化学，事情は皆いっしょです．

では具体的にどの程度覚えておけばよいでしょうか．化学については，たとえば「大学入試センター試験」の問題を解くのに必要な程度の予備知識があれば，雨のpH値が下がればまず野外のアルミ製品やら鉄建造物がやられますし，ブロンズ像にしても亜鉛が入っているからだんだんと溶けてしまうことは当たり前のこととして了解できます．酸廃液を処理したいときには，（ちょっと中途半端な塩基ではありますが）炭酸ナトリウムあたりを泡が出なくなるくらい多めに加えておけば（たいていの場合は）よい，ということもわかります．

むろん，化学を専門とする開発技術者としても大学入学試験を解ければ絶対

第0章　はじめに

に充分ですか？と聞かれたら，断言はしかねますが，当座流通している化学技術の水準で，「無難な解」がどのあたりにあるかを推測する，というようなレベルのことであれば，それは充分であろうといえます．ですから，たとえば，あなたにとっては「とりあえず大学受験をクリアするためにセンター試験化学の問題を解けるくらいになりました」という事態対処的な事情であっても，せっかく一度はできるようになったことは忘れないでおくのが，明らかに将来の身のためです．

　無理に化学を好きになったり，強い関心を抱くようになる必要はないでしょう．でも皆さんはこの先の長いキャリア（これは職業的キャリアには限りません）のなかで，「あの程度でもとりあえず見知って，聞き知っておいたから，きょうの仕事のなかで出逢ったあの話の内容は了解できた！」という経験をされることは，きっと，ままあると思います．結局のところ，勉強を一応はしっかりとしておくことの意義というのは，そういうところにあるのだと思います．

　愚直な正論をぶっても皆さんの気分を悪くさせるだけかな，と少し心苦しくは思いますが，そもそも入試というのは，それ以降の勉学が支障なくできるような能力的な確証を得るために行われるのですから，せっかく一度通過したことはぜひ，（興味・関心の程度にかかわらず）今後いろいろな山を越えていくためにも不可欠な自然科学分野の教養だというくらいに受け止めて，大事にしておいてほしいと思います．

　上の事情は高等専門学校でも同じで，ちょうど高等学校課程に相当する1〜3年に履修する基本的な内容は，将来的なことを考えてもやはりしっかりと頭に入れておくべきです．その目的のために，だれもが無料で手に入れられるセンター試験の過去問を題材にするのは合理的だと考えました．そのくらいの水準は，たとえば，このさき大学や高専の学生の皆さんが，世の技術開発や製造の現場でとびかう「専門人の業界会話」にキャッチ・アップし続けるためにも，一つの常識ラインとしてぜひともクリアしておいてほしいと思いますし，それは絶対に損にはならないはずです．

　大学生の学齢になってもまだセンター試験を勉強の題材に使うのか，ダサいなぁ，と思われるかも知れません．しかし，もう一度やるからには，やはり，

これは無駄ではないという気分になってほしいと切に願っています．それゆえ，題材としては試験の問題を使いますが，とにかく「解答」を出すことが目的，ということではありません．（ただし，正答へ確実にいたるような理解の仕方をしておくことは大事です．）その問題が扱っているような「化学分野上の知識の領域」をはっきりと示し，「その範囲でまっとうに判断をしていけば，やはりその正答へ到達するわけですね」と，少し俯瞰的な目線で納得してもらうことが必要だと思っています．（ですので，間違った答えはなぜ間違っているのかを説明できるようになってもらうことも重要だと思っています．）

本書の構成は，領域別に次のようになっています．

<章立構成>

第1章	化学結合
第2章	モル計算（化学量論）
第3章	化学熱力学
第4章	酸・塩基・中和
第5・6章	酸化・還元
第7・8章	有機化学
第9章	化学の雑学

ただ，どの章から読んでいただいても大丈夫なように，各章ができるだけ互いに独立になるように書いてあります．また，少し学年の進んだ人の目でみると，やはり受験で扱う内容には，妙にピンポイントすぎたり，細かにすぎてしまうようなところも見受けられます．そのような部分については，あえてそうである旨を記すようにしました．

筆者としては，なんとかミニマムの勉強で，一応の全般的な知識を頭に入れ，自学をするならばそれほど苦痛なく始められるよう，その一点に注意を集中しました．その点，良書になじんでこられた方々や，化学教育に長年にわたり専門的に取り組んでこられた先生方からは，厳しいご意見をいただくこともありえようと思います．非専門にもかかわらずこのような書を著す巡り合わせになった一教員として，ご批判をいただければ，それは光栄なことと認識いたしております．

第0章　はじめに

　勉強の路は，長く，苦しく，とても"化学を学ぶ楽しさ"なんて言葉を口にできない，という気持ちはよくわかります．しかし，諸先輩の，「通例として，これくらいは理解しておこうよね」という教育的信念のもとに作られた教材の内容は，無視すべきではないと思います．

　大学，高専と，思えばもう20年も教師の端くれをしてきました．痛感するのは，やはり基本的なことは覚えておかないと，実務にたずさわる段階になっては基本アイテムをだれも教えてはくれませんし，苦しい思いをすることもままあるということです．いろいろ悪くいわれる節もあるものの，だれもが一銭も払うことなくネットからでも手に入れられるセンター試験という教材は，受験生でなくても充分に役立てることができる，質の高い教材だと思います．本当に基本的なところをこっそりと自分でやり直さないといけないなぁと感じている人に役立ててもらえれば，この上なく幸いです．

　本書はまさに，非専門家が鉛筆なめなめ書いたものです．まずは解説を読まずにやってみましょう，ともいいません．ただし，鉛筆を持って，手を動かしながら解説を読んでいただければ，とは思います．この本が，「一回読んだらだいたいわかった」といって，一回で読み捨ててもらえることを願っています．「化学は暗記科目ではない」といわれることもありますが，そうはいっても，暗記科目だと思っておいた方がよいような部分も多々あります．化学嫌いの人が暗記しておかないと，そのうち苦労するかな？というようなことを示す参考書があってもよいかなと思っています．

　鉛筆と紙を持って，復習につきあっていただければ幸いです．

第1章 化学結合のパターンの"カン"を身に付けよう

この章の学習ポイント

① 化学物質の構成単位である元素の基本的な分類と整理. ▶ 問題 1-7
② 物質の様態を表現する基本的な用語の確認. ▶ 問題 10-13
③ 周期表上での元素の位置と,その元素が形成する化合物の成り立ちとの相互関係の把握. ▶ 問題 1, 8, 9
④ 化学結合の系統の大別(主として共有結合とイオン結合)とその理解.
　▶ 問題 8, 14, 15
⑤ 分子式と組成式の意味の違いと,その差異の把握. ▶ 問題 13, 15

　理科系では大学に入ると最初に,「理科系の常識」という位置づけで一般自然科学系科目群を必修で履修することが多いようです.(かつての"教養部"にあたる部分のことですね.)当然このなかには化学も含まれていて,その導入部分は量子化学的な視点にもとづいた化学結合論であることが多いようです.(あの難しい電子軌道と化学結合の理論です.)

　ただ,誤解を恐れずにいえば,大学でも高専でも,「量子化学を理解すれば,こんなに包括的に化学結合を理解できるのですよ」という論調で教わるものの,じつは,かなり高度なことに立ち入らない限り,よく使う化学物質にみられる化学結合のパターンについては,高等学校で教わる内容の範囲で充分にのみこめることが多いのです.

　反対に,量子化学的な化学結合の俯瞰に立ち入ってしまったがゆえの難解さにより気分的な凹みを経験する人が多く,むしろその気分的な減退の方が大きなデメリットのように思えます.ここは,ミニマム化学の視点から,高校の化学の範囲を最大限利用して化学結合を理解しておけば,それほど高度でない限り,「ほほぅ,なるほどね!」というところまでは了解できるということを感じてほしいと思います.原子量を知りたいときなど,必要なときは,表見返しの周期表を参照してください.

第1章 化学結合のパターンの"カン"を身に付けよう

§1-1 元素周期表のミニマム知識 —このくらいは覚えておこう—

まず手始めに，次の問題をおさらいしてみましょう．

問題 1

次の周期表では，第2・第3周期の6種の元素を記号 A, D, E, G, J, L で表してある．これらの元素からなる物質の分子式または組成式として**適当でない**ものを，下の①〜⑥のうちから一つ選べ．

周期＼族	1	2	3〜12	13	14	15	16	17	18
2					A		D		
3	E	G		J				L	

① AL_4 ② E_2D ③ EL_2 ④ GD ⑤ GL_2 ⑥ J_2D_3

〔26年度本試験第1問問2〕

解説 周期表をすべて覚えるのは，無駄とはいいませんが，いささかそれはスゴワザで，そこまでやる必要はありません．しかし，この問題に出てくる第3周期くらいまでの元素を記憶しておくことは最低限必要でしょう．第3周期+αくらいまでは，周期表を覚えるための有名な小唄（水兵リーベ…など）もあるくらいですから，そのくらいは理科系に来たらさすがに常識かな，ととらえておいてください．この問題は，まず周期表を見ながらやってみてもかまいませんが，もう一度，周期表を見ずにやってみてください．

ここでは，第1周期にH・He，第2周期にLi・Be・B・C・N・O・F・Ne，第3周期にNa・Mg・Al・Si・P・S・Cl・Arがそれぞれ入ることがわかることがまず必要です．そうすると，A＝C（炭素），D＝O（酸素），E＝Na（ナトリウム），G＝Mg（マグネシウム），J＝Al（アルミニウム），L＝Cl（塩素）となります．すると，①から⑥の選択肢に出てくるそれぞれの化合物は，それぞれ，① CCl_4（四塩化炭素），② Na_2O（酸化ナトリウム），③ $NaCl_2$（二塩化ナトリウム（？！）），④ MgO（酸化マグネシウム），⑤ $MgCl_2$（塩化マグネシウム），⑥ Al_2O_3（アルミナ）です．このなかで，ほぼありえないといえる化合物が③の $NaCl_2$ です．このことを，あなた自身の言葉で説明してみてください．

以下のように説明できたでしょうか？　まず，金属は必ず陽イオンになりま

す．価数は，金属元素全体のことをいえば多少の変動はありますが，周期表の左から二列目（1族，2族）くらいに関しては，1族（アルカリ金属，Na, K など）は一価，2族（Ca, Mg など）は二価，と確実に決まっています．金属は陽イオンにしかなりませんから，そのペアは必ず陰イオンです．当然，陰イオンにも価数はありますね．ハロゲンは一価，酸素と硫黄は二価と考えておけばまずは大丈夫です．よって，$NaCl_2$ は明らかに $NaCl$ の誤りです．

⑥の Al は，あとで出てくる「両性」という少しややこしい性質もありますが，それはさておき三価の陽イオンになると思ってください．すると，Na_2O, MgO, $MgCl_2$, Al_2O_3 はすべて陽と陰を足してゼロになり，つじつまが合います．

①の CCl_4 は少し別扱いです．これだけが，他がイオン結合性であるのとは異なり，共有結合からなっています．CCl_4 は常識的には電離しませんから，むろんイオンになりません．ただ，

○：Cl の電子
×：C の電子

共有結合性であっても，C の価数は 4，Cl の価数は 1 と理解しておけば，C に対して付いている Cl が 4 個となるのはわかると思います．

ちなみに，有機化学の視点からは，CCl_4 は CH_4（メタン）の水素を逐一 Cl へ交換（置換）して得られる，と考えることもできます．こう考えると，CH_4 の水素のハロゲンへの置換の数は，1 から 4 のどれもありうることになり，これらは総称して「ハロアルカン」と呼ばれます．詳しいことはさておき，ここでは，陽イオンになるはずの H と，陰イオンになるはずの Cl が交換されるというのは意外だなという「不思議感覚」を持っておいていただけると心強い限りです．

問題 2 原子に関する記述として**誤りを含むもの**を，次の①〜⑤のうちから一つ選べ．

① 陽子の数を原子番号という．
② 陽子の数と中性子の数の和を質量数という．
③ 原子がもつ陽子の数と電子の数は等しい．

第1章　化学結合のパターンの"カン"を身に付けよう

④ $^{7}_{3}$Li がもつ中性子の数は3個である．
⑤ 同一原子では，K殻にある電子はL殻にある電子よりもエネルギーの低い安定な状態にある．

〔24年度追試験第1問問2〕

Q解説　これはとても簡単な問題ではありますが，知識のまとめとして便利です．

①，②，③はいわば用語の意味の説明です．これらはセットにして記憶しておきましょう．

④はまず表記の問題です．左上添字，左下添字がそれぞれ質量数（＝陽子数＋中性子数），原子番号（＝陽子数＝電子数）です．たいてい上の数字の方が下の数字よりも2倍程度大きいので，「2倍くらい頭でっかち」と唱えると覚えやすいでしょう．

④の表記の場合，Liの原子番号が3なので，電子も陽子も3個ずつあることになります．ですから残りの 7 − 3 ＝ 4 が中性子の数で，3ではありません．（つまり，④が正解です．）

⑤はいいかたが少しややこしい感じがしますが，正しい記述です．ここでついでに，電子のエネルギーと化学反応の関係を少しおさらいしておきましょう．化学結合の形成には，「一番外側の電子（価電子）のみが関与」します．つまり，一番外側の電子は「エネルギーが高くて不安定」なため，他の原子との化学結合の新規形成に参加する可能性が高いのです．⑤の記述ではL殻のことです．こういう極度に単純化したいいかたには賛否両論ありますが，とにかく，「外側にあるから他とつながりやすい⇔エネルギーが高く不安定」という意味上の対応関係として理解しておきましょう．もちろん，反対の「内側⇔エネルギーが低く安定」は，内側の電子（ここではK殻）が化学反応には関与

しづらいということに対応しています．

　これと類似した以下のような問もあります．

> **問題 3**　次に当てはまるものを，次の①～⑥のうちから一つ選べ．
> 放射性同位体 ^{14}C 中の陽子の数と中性子の数の比（陽子の数：中性子の数）
> ① 1：1　② 2：3　③ 3：2　④ 3：4　⑤ 4：3　⑥ 6：7
> 〔26年度本試験第1問問1（b）〕

🔍解説　元素記号の左上添字は質量数ですね．また，炭素（C）の原子番号は6ですね（H He Li Be B C の順に 1 2 3 4 5 6…）．ということは，陽子の数は6です．すると残りの質量は中性子によることになり，14－6で8になります．ですから答えは6：8すなわち，④の3：4になります．ここで題中に「放射性同位体」という用語がでてきました．後出しますが，同位体というのは「原子番号（陽子の数）は同じ，中性子の数だけ異なる」と覚えておいてください．

　次に少しだけややこしい問題を挙げておきます．

> **問題 4**　中性子の数と電子の数の差が最も大きい原子またはイオンを，次の①～⑤のうちから一つ選べ．
> ① $^{1}_{1}H$　② $^{4}_{2}He$　③ $^{23}_{11}Na^+$　④ $^{25}_{12}Mg^{2+}$　⑤ $^{32}_{16}S^{2-}$
> 〔26年度追試験第1問問3〕

🔍解説　①の水素では質量数と原子番号（陽子の数）がともに1ですから中性子は0個です．ということは中性子と電子の数の差は1です．②のヘリウムも同様に考えてください．中性子2個，電子2個ですから差は0です．Hの質量数が1であるのに対し，He のそれは4であることを覚えておいてください．たとえ水素分子（H_2）になっても He より軽いのです．

　③は少し注意が要りますね．質量数23，陽子の数11ですから中性子は12個あります．電子の数は，これが一価の陽イオンであることから陽子の数11から一つ減って10個です．ですから差は2個です．

　④は少し数字が大きくなっていてうっとうしく見えますが，計算のしかた

は ③ と同じです．中性子は 25 − 12 = 13 個ありますね．もともと陽子が 12 個ありますが，二価の陽イオンなので電子は 10 個あることになります．ということは，差は 3 個ですね．

⑤ もほぼ同じですが，陰イオンです．中性子は 32 − 16 = 16 個ありますね．電子の数はもともと 16 個あるうえに，二価の陰イオンですから，これよりも 2 個増えて 18 個です．ということは，差は 2 個です．よって，正答は差が 3 個の ④ です．

次は「族」という用語の話です．

問題 5 元素の周期表に関する記述として**誤りを含むもの**を，次の ①〜⑤ のうちから一つ選べ．
① 2 族元素の原子は，2 価の陽イオンになりやすい．
② 17 族元素の原子の価電子の数は，7 である．
③ 18 族元素は，反応性に乏しい．
④ 典型元素は，すべて非金属元素である．
⑤ 遷移元素は，すべて金属元素である．

〔25 年度本試験第 1 問問 2〕

解説 ここには「族」という用語が何度も出てきますね．族は要するに周期表上の縦の列だと思ってください．同じ族内の元素はその性質が互いに比較的似かよっています．また，族の番号は左から 1, 2… と付けられています．（慣習として頭に"第"を付けません．横ならびの「周期」には付けることが多いようです．）

① の 2 族は閉殻したところに 2 個余計に電子が付いた場合と考えてください．よって，2 族は 2 個の電子を放出して二価の陽イオンになりやすいということになります．2 族はすべて金属で，なかでも実際に最もよく出会うのは Mg, Ca, Ba でしょう．

17 族は周期表の左から数えるとたいへんですが，右から数えれば 2 番目です．いうまでもなくこれはハロゲンです．F, Cl, Br, I の 4 元素を覚えておけばとりあえず充分でしょう．ハロゲンの原子には価電子は 7 個あります．あと

1個電子が入れば閉殻になりますから,これらは皆一価の陰イオンになります.

③の18族はハロゲンの右どなりで,それだけでもう閉殻になっています.希ガス(貴ガス),不活性ガスなどと通常呼ばれます.希ガスの「自慢」は,とにかくほかのものとはまるでくっつかないことです.それどころか,同種の原子とつくこともありません.そのため単原子状態で飛びまわっています.この「何にもくっつかない」化学的性質が逆に活用されることがあります.希ガスとして,周期表の上から順番に He, Ne, Ar くらいは覚えておいてください.

④の「典型元素には金属がない」というのは明らかに間違いです.Na や Ca は典型元素ですが,金属です.対照的に,⑤の「遷移元素はすべて金属」は正しいのです.④が正答ですね.ここで典型元素,遷移元素という用語がでてきました.手近な周期表をみてください.3属から11属までは遷移元素(←すべて金属)になっているはずです.遷移元素以外は典型元素で,水素(H)を除いた非金属の元素が右上のほうに三角状にかたまっています.遷移元素をすべて記憶しておくというようなことは必要ありませんが,周期表の真ん中あたりが遷移元素で占められていることは覚えておきましょう.

次も周期表に関する知識問題です.

問題 6 電子が入っている最も外側の電子殻の電子数が2でないものを,次の①～⑥のうちから一つ選べ。
① He　② Li^+　③ Be　④ Na　⑤ Mg　⑥ Ca

〔26年度追試験第1問問1(a)〕

◎解説　③ Be, ⑤ Mg, ⑥ Ca はすべて2族の元素で,電子が二つとれて二価の陽イオンになります.この二つのとれる電子が「最も外側」の電子(最外殻電子)ですね.ですからこれらは正答からは除かれます.

「He」はいわゆる「K」殻に2個だけ電子が入って殻が閉じた場合で,この閉殻性がヘリウムの化学的安定性の説明になっています.Li は第2周期の最初の元素で,K 殻が閉じたうえで1個余計な電子がくっついています.これがはずれて Li^+ になると,閉じた K 殻そのものになります.つまり結果としては

第1章 化学結合のパターンの"カン"を身に付けよう

Heと同じです.

Naは,K殻,L殻が閉じたうえにさらに1個電子が入ってアルカリ金属となったものです.ですので,Naの最も外側の電子殻の電子数は1です.この1個の電子は極端に外れやすく,NaはすぐにNa$^+$になります.おかげでふつう私たちはNaという金属の単体を見たことがないくらいです.Naをイオン化させずに保存しておくために灯油中に漬けておくというのは有名な話です.とにかく,アルカリ金属の代表選手は,原子量の小さい方からLi,Na,Kで,このどれもが極端にイオン化しやすい(イオン化傾向がきわめて大きい)と覚えておきましょう.

基本がためついでに,以下の問題を見てください.

問題 7

電子が入っている最も外側の電子殻の電子数が**同じでない**原子やイオンの組合せを,次の①〜⑥のうちから一つ選べ。

① HとLi ② HeとNe ③ OとS
④ ArとK$^+$ ⑤ F$^-$とNa$^+$ ⑥ S^{2-}とCl$^-$

〔25年度追試験第1問問2〕

解説 ①は1個,③は6個,④は8個,⑤は8個,⑥は8個で同じですね.②はHeが2個なのに対してNeは8個ですから,正答は②です.

§1-2 価電子

問題 8

結合に使われている電子の総数が最も多い分子を,次の①〜⑥のうちから一つ選べ。

① 水素 ② 窒素 ③ 塩素 ④ メタン ⑤ 水 ⑥ 硫化水素

〔25年度本試験第1問問1(b)〕

解説 この問題は決して難しくありませんが,内容的にはとても重要です.まず①から⑥の分子についてそれぞれ価電子(最外殻の電子)を記号で表し,

その化学結合を正しく表現してみましょう．右のように描けましたか？これを見れば，答えは④のメタンであることはわかるでしょう．

8個の電子が結合に関与している．

第2・第3周期の元素に当てはめられる「八隅子則（オクテット則）」は，「時代遅れでもはや教えるべきではない」という先生方も最近はたくさんおられます．そのこと自体は間違っていませんが，初学者の実際問題としては，周期表第3周期くらいまでに出てくる元素を相手にすることが圧倒的に多いので，まずオクテット則で理解しておいて，あとは必要に応じて独学するべき発展編だ，くらいに考えておいてよいと思います．

たとえば，⑥の硫化水素（H_2S）は，Sの周りに2個のHが付くときに1個あたり1個ずつ電子を提供するので，Sの周りに8個（4対）が集まって閉殻になり落ち着く，と考えておけばのみこめます．

ちなみに硫化水素は水に溶けると酸性を示します．ということは，水に溶けたときには，水素の一部は電子をS側へとられて水素イオンH^+になると考えられます．ただし，H_2Sは最初から1個のS^{2-}と2個のH^+によるイオン結合からできているわけではなくて，SとHの共有結合でできている分子と考えましょう．とはいえ，いったん共有結合してH_2Sになれば，SはなんとなくS^{2-}になる傾向があります．反対に，相手方のHはH^+になる傾向がある，ということです．

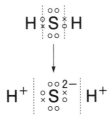

問題 9

二重結合を二つもつ分子を，次の①〜⑥のうちから一つ選べ．

① 過酸化水素　　② 硫化水素　　③ アセトン
④ プロペン（プロピレン）　　⑤ ホルムアルデヒド　　⑥ 二酸化炭素

〔24年度本試験第1問問1(b)〕

第1章 化学結合のパターンの"カン"を身に付けよう

🔍**解説** この問題の答えが ⑥ の二酸化炭素であるのはすぐにわかるかと思います．では ① から ⑥ までの化合物について，それぞれの電子配置図を描いてみてください．以下のようになったでしょうか？

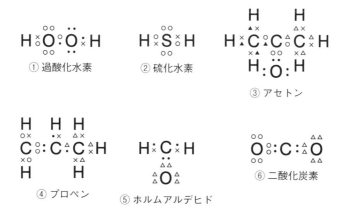

§1-3 同素体と同位体，単体と化合物

問題 10 同素体である組合せを，次の ①～⑥ のうちから一つ選べ．
① ヘリウムとネオン ② ^{35}Cl と ^{37}Cl ③ メタノールとエタノール
④ 一酸化窒素と二酸化窒素 ⑤ 塩化鉄(Ⅱ)と塩化鉄(Ⅲ) ⑥ 黄リンと赤リン
〔25年度本試験第1問問1(a)〕

🔍**解説** ここでは「同素体」という用語の意味を正しく覚えていることが必要です．同じ元素からなる単体にもかかわらず，性質が互いにはっきりと異なるものを同素体といいます．最も有名なのは炭素原子のみからなるダイヤモンドと黒鉛でしょう．これらはともに組成式「C」で表されます．では各選択肢を見てみましょう．① の He と Ne は両方とも希ガス（18族，周期表最右列）に属しており，非常に近しい親戚といえますが，そもそも互いに異なる化学種ですから，同素体のはずはありません．

② の ^{35}Cl と ^{37}Cl はともに塩素ですが，質量数が違いますね．これは同位体，

もしくは同位元素（≠ 同素体）です．

　③のメタノール（CH_3OH）とエタノール（C_2H_5OH）はともにアルコール類の化合物ですが，そもそも化学式が異なります．④の一酸化窒素（NO）と二酸化窒素（NO_2）もともに窒素酸化物（NO_x）ですが，明らかに異なる化合物ですね．

　⑤の塩化鉄(Ⅱ)と塩化鉄(Ⅲ)はどちらも Cl^-（塩化物イオン）が Fe の陽イオンとペアになったものですが，陽イオンである鉄の価数が Fe^{2+}，Fe^{3+} と異なります．イオンからなる場合であっても，一つの化合物全体では荷電は陰陽相殺してゼロでなくてはいけませんので，それらの組成式はそれぞれ $FeCl_2$ と $FeCl_3$ になり，式が異なりますから同素体ではありません．（そもそも $FeCl_2$ も $FeCl_3$ も単体ではないので，同素体のはずがありません！）

　となると正答は⑥の黄リンと赤リンのペアですね．これらはともにリンの単体で，組成式は一つの元素記号そのままで"P"と表記します．同素体は必ず単体です．これは余談ですが，黄リンはリンの複数の同素体の混合物なのでこれを同素体というべきではないという見解もあり，確かにそれはそれでもっともだとは思いますが，「リン元素のみからなるところは共通だが，様態がはっきりと異なる」という主旨では，「黄リンは赤リンと互いに同素体である」と常識的な感覚の範囲でいうのは正しく，教科書は間違っているわけではありません．

問題 11 単体でないものを，次の①〜⑥のうちから一つ選べ．
① 黄銅（しんちゅう）　② 亜鉛　③ 黒鉛　④ 斜方硫黄　⑤ 白金　⑥ 赤リン

〔24 年度本試験第 1 問問 1 (a)〕

解説 選択肢を見てください．② 亜鉛（Zn），⑤ 白金（Pt）は単なる元素名ですので，むろん単体です．③ 黒鉛，④ 斜方硫黄，⑥ 赤リンはそれぞれ C, S, P のいくつかある同素体群のうちの一つですね．答えは ① 黄銅（真鍮）です．これは銅（Cu）と亜鉛（Zn）の合金です．ここで詳しい説明をする紙面の余裕はありませんが，合金は，ある金属に別の金属が一様に混合したものと考えて

第1章 化学結合のパターンの"カン"を身に付けよう

おけばよいでしょう．黄銅（真鍮）は最も身近な合金のひとつで，五円硬貨の材料です．

同位体に関する題材は少ないのですが，用語の確認までに1問だけやってみてください．

問題 12 互いに同位体である原子どうしで**異なるもの**を，次の①〜⑤のうちから一つ選べ．
① 原子番号　② 陽子の数　③ 中性子の数　④ 電子の数　⑤ 価電子の数
〔24年度本試験第1問問2〕

解説 今度は「同素体」ではなく「同位体」です．この場合，元素は同じで，質量数だけが異なります．元素が同じということは，原子番号，電子（負電荷）の数，陽子（正電荷）の数については完全に共通しています．他の電荷と関係ない要素，すなわち中性子の数だけが異なるので，質量数が変わってくるのです．すると正答は③中性子の数ですね．④の価電子数も，元素が同じですので共通しています．

§1-4 純物質と混合物，分子式と組成式

次に示す問題は本当に基本的な問ですが，意外に誤答を見ることがあります．用語には注意してその意味を確認しておきましょう．

問題 13 次のa・bに当てはまるものを，それぞれの解答群の①〜⑥のうちから一つずつ選べ．
a　純物質であるもの
① 空気　② 塩酸　③ 海水　④ 牛乳　⑤ 石油　⑥ 尿素
b　分子式であるもの
① SO_2　② Ag_2O　③ Fe　④ NaOH　⑤ $MgCl_2$　⑥ $(NH_4)_2SO_4$
〔25年度追試験第1問問1〕

⊕解説 まず a を見てください. ①の空気は,(だいたい窒素8割,酸素2割の)混合気体です. ③の海水は,大ざっぱにいえば3％程度の塩水です. ④の牛乳は,9割程度を占める水にタンパク質,糖,脂肪などのいろいろな有機物が混ざってできています. ⑤の石油にいたっては,石油という名称自体がじつは何を指すのかさえはっきりしないのですが,とにかくいろいろな種類の炭化水素が"石油"の主成分をなしていますので,これは明らかに混合物です.

②の塩酸の「本体」はもちろん塩化水素です. ウッカリすると,これは純物質としての塩化水素の単なるいい換えなので純物質だろうか？と思ってしまうかも知れません. これについては,「塩化水素が水に溶けて電離すると強酸である塩酸になる」としっかり覚えておきましょう. つまり,塩酸は純物質とはいえないのです. ⑥の尿素は純然たる分子性化合物で,その構造は NH_2-(C=O)-NH_2 です. 純物質はこの⑥しかありません.

次に b を見てください. ①の SO_2 のみが分子式です. ②から⑥はすべて組成式です. 基本的には,イオン性の固体(②,④,⑤,⑥)はイオン結合によってできた結晶構造をとり,陽イオンと陰イオンが交互に規則正しく並んでいます. したがって,たとえば④の NaOH ならば,NaOH という分子が単独でそこにある,ということはありえません. ③の鉄(単体)の Fe もやはり組成式です. これに対して,<u>常温で気体である物質は,分子が単独で飛びまわっている状態ですから,これらの物質の化学式はすべて分子式であると思ってよい</u>のです.

ここで,「常温で気体だから分子式」は当たっていても,その逆(「分子式だから常温で気体」)は成立しないことに注意しましょう. たとえば H_2O は分子式ですが,液体の水や固体の氷もやはり H_2O と表記されます. ほかにも尿素を表す NH_2-(C=O)-NH_2 は分子式ですが,尿素は常温は固体です. 水にしても尿素にしても,液体であろうが固体であろうが,そのミクロな構造や挙動の単位は分子であるとみなしてよいのです. ちなみに,氷や尿素の塊は結晶です. ここで,NaCl のようなイオン結合からなる化合物の結晶塊は,Na^+-Cl^- という単一ペアが単位になって形成されているとはいえないのですが,氷や尿素塊

第1章 化学結合のパターンの"カン"を身に付けよう

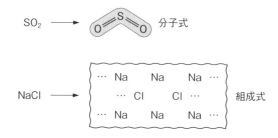

のミクロな構造単位は分子です．このため，前者をイオン結晶，後者を分子結晶といって区別することがあります．一般的に，イオン結晶と分子結晶では融点などの物理的な性質がかなり異なります．

問題 14

イオン結合を**含まない**ものを，次の①〜⑥のうちから一つ選べ．

① HCl　　② NaCl　　③ NH_4Cl　　④ KBr　　⑤ $Ca(OH)_2$　　⑥ $BaCl_2$

〔26年度追試験第1問問1(b)〕

⊕解説　「イオン結合性でないもの」がどれかという問題を考えてみましょう．① HCl，② NaCl，③ NH_4Cl，④ KBr，⑥ $BaCl_2$ を形成している陰イオンは，すべてハロゲン原子（Cl もしくは Br）に1個電子がはり付いて一価の陰イオンになる例です．ですので，これらについてはそもそもペアが陽イオンであると思ってよいでしょう…といいたいところですが，ここにはワナがあります．① の塩化水素だけは常温では気体なのです．すなわち，HCl だけは「HCl」というひと粒のユニットとして実在するのです．この場合，HCl は分子です．そして，その構成原子をつなぐ化学結合はすべて共有結合なのです．（すなわち，分子中にはイオンはありません．）

このことから，この問題の正答は ① の塩化水素です．6個の選択肢中で唯一ハロゲンを含まない ⑤ は水酸化カルシウムで，これは典型的な金属水酸化物であり，イオン結晶性の固体です．ですから $Ca(OH)_2$ はカルシウムイオンと水酸化物イオンの 1：2 という数の比を表しており，組成式です．

上記のように塩化水素は共有結合性の気体分子なのですが，水に溶けると完全に電離してイオン化します．これは強酸のなかでも最も代表的なものの一つ

である塩酸です．このとき，HとClの間の「分かれめ」が変化します．これを図式的に示すと右のようになります．塩化水素HClが水に溶けて塩酸になるというのは，塩化水素と水のまぎれもない化学反応なのです．

§1-5 イオンのふるまい

イオンの基本的なふるまいについて，さらっと復習しておきましょう．

問題 15

イオンに関連する記述として下線部に**誤りを含むもの**を，次の①〜⑤のうちから一つ選べ．
① イオンからなる物質の化学式は，組成式で表される．
② イオン化エネルギーの小さい原子は，陽イオンになりやすい．
③ イオン結晶である塩化ナトリウムは，固体状態で電気を通しやすい．
④ イオン結晶では，陽イオンの正電荷と陰イオンの負電荷の総和がゼロとなる．
⑤ 0.1 mol/L の硫酸ナトリウムの水溶液1Lには，0.3 mol のイオンが存在する．

〔26年度本試験第1問問3〕

@解説 ① はまさにその通りです．たとえばNaClは，陽イオンNa$^+$と陰イオンCl$^-$がペアになったものが単独でぽつんとあるわけではありません．

② はイオン化エネルギーの定義通りの記述です．「電子1個をのぞいて陽イオンを作りだすために必要なエネルギー」がイオン化エネルギーです．Na，Kなどはすぐに一価の陽イオンになりますが，対照的にFやClは並大抵のことでは陽イオンにはなりません．つまり，ハロゲンのイオン化エネルギーはたいへん大きなものです．ハロゲンそのものは電子1個を受け取って一価の陰イオンにはなりやすいので，ついついイオン化エネルギーが小さいと考えてしまうことがあるので注意しておきましょう．

③ は少しまぎらわしい記述ですが，イオン結晶内には金属結晶内と違って自由電子がありません．イオン結晶内では電子は原子核の周りに完全に拘束されていますので，電気を動かす媒体としては機能しません．よって答えは③

第1章 化学結合のパターンの"カン"を身に付けよう

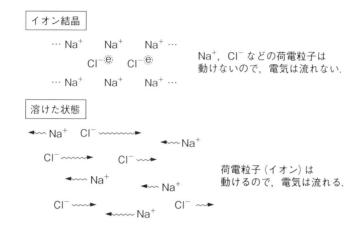

です．イオン性物質は水などの溶媒に溶けたり，高温下で溶融（熔融）して陰陽のイオンへ分かれたときに限って顕著な電気伝導性を示します．

④はイオン結晶，というか，イオン性化合物全般について共通した原理です．細かいことを抜きにすれば，すべての化合物について当てはまる基本的な要件といってよいでしょう．これを「電気的中性条件」ということがあります．

⑤のイオンの総モル数については，じつは要点が二つあります．一つは，硫酸ナトリウムは，ナトリウムと硫酸という極度にイオン化しやすい物質からできているため完全に電離するということです．イオン化傾向が小さい種についてはこんなに単純にはいかないので注意しておきましょう．また，硫酸イオンが二価の陰イオンであるのに対してナトリウムイオンが一価の陽イオンですから，硫酸ナトリウムの化学式は Na_2SO_4 になります．もちろんこれは組成式であって，分子式ではありません．1 mol の Na_2SO_4 が溶ければ 2 mol のナトリウムイオンと 1 mol の硫酸イオンが水溶液中に生成します．よって，⑤の記述内容は正しいのです．

第1章のまとめ

　化学結合は化学的な枠組みで事象を説明するときの最小の構成要素そのものなので，化学の勉強を始めると必然的に最初に出てきます．化学結合については，近年は量子化学に軸足をおくのがポピュラーですが，これは苦手な人にはやっかいなことかも知れません．ここではできるだけ最低限頭へ入れておかなくてはならないことを具体的に示しておいた方がよいと考えました．覚えておいてほしいことは，以下の通りです．

1. 周期表，原子番号順に第3周期までは元素を覚える．
2. 価電子の数，および，それに対応した1原子あたりの結合本数（Cは4，Hは1，Sは2など）を覚える．
3. 8個の電子（H，He，Liでは2個）が原子を囲むような化学結合の配置は化学的には"妥当"である．

　ここで挙げた水準の化学結合上の常識的なアイテムを頭に入れておくことのメリットは，端的にいえば，そのようなモノが実際にありうるか否かという疑問に対しては，ある程度の信頼性をもって「ある」，「ない」と答えられるようになることです．たとえば，NaPはありえないでしょう，というのは，この章で挙げたような，実際に皆さんが試験で解くような問題に正答できればわかるはずです．そのような"カン"さえ身に付けてもらえれば，いざこの先の勉強を自分でやっていかなくてはならない状況になっても自力で続けられるでしょう．

第2章 "モル"の計算がじつはいちばん大事！
―化学量論の超基本―

✒ この章の学習ポイント

① モル濃度と質量パーセント濃度の意味の正確な理解を得ること.
▶ 問題 16, 19, 20
② モル濃度と質量パーセント濃度の相互換算ができるようになること.
▶ 問題 17, 18
③ 気体の体積が関わる場合の物質量や物質量比の計算ができるようになること.
▶ 問題 21-25
④ 化学反応が起こる場合の物質量やその変化の計算ができるようになること.
▶ 問題 26-31
⑤ 錯イオンなどを含んだ場合の化学量論計算ができるようになること.
▶ 問題 32, 33

「モル (mole, 単位のときは mol)」は,「これがなければ異種の物質間の"量的関係"をまったく数として扱えない！」というくらい重要な,「モノの量を測る」単位です. ところが困ったことに, モルに関係する計算は, たいていの場合, 学生諸氏にかなり嫌われています.（計算, という作業が, "化学"という科目のイメージとあまりマッチしないということがあるようです.）しかし, モル数の計算ができないと, 実際にモノを扱うときの量的な見計らいができません. そのため, とくに実際の工業的な場面では, 正確なモル計算ができることが最も重要なスキルであるといっても過言ではありません.

この章では, とにかく"モル"にまつわる基本的な計算問題に, 繰り返し取り組んでみましょう. センター試験では, モルの計算の問題は毎年出されていて, どれも基本的で良い問題ばかりです. この種の問題は, 高等教育課程へ入った後も必ずできるままでいてほしいところです. モルの計算に限った話ではありませんが, 考えながら手を動かして計算を繰り返し, 頭と手の動きを同時にたたきこんでほしいと思います. この章の内容は, 問題が基本的なだけに

とても重要です．

もちろん，本書は試験でもなんでもありませんから急ぐ必要はありません．読み流すのではなく，必ず鉛筆を持って手を動かしながら勉強してください．では，実際の計算問題に取り組んでみましょう．

§2-1 ほしい濃度の溶液を得るための計算

問題 16 質量パーセント濃度が 36.5 % の塩酸 50 g を純水で希釈して，希塩酸 500 mL をつくった。この希塩酸のモル濃度は何 mol/L か。最も適当な数値を，次の ①～⑥ のうちから一つ選べ。

① 0.10　② 0.27　③ 0.50　④ 1.0　⑤ 1.4　⑥ 2.7

〔26 年度本試験第 1 問問 4〕

解説 この種の問題は，扱われている状況が一般的で，実際にこのような作業を正確に行うことが必要になるだけに，多くの理科系の大学生・高専生が不得手にしているのはたいへん気になります．少々時間がかかっても構いませんので，正しく順を追って，結果として正しい数値を求めることに重点をおきましょう．そのためには，ここで行われている作業を体感的に理解するために

$$\frac{50\,(\mathrm{g}) \times \dfrac{36.5}{100}}{36.5\,(\mathrm{g\ mol^{-1}})}$$ mol の HCl が溶解している.

モル濃度

$$= \frac{\dfrac{50\,(\mathrm{g}) \times \dfrac{36.5}{100}}{36.5\,(\mathrm{g\ mol^{-1}})}}{0.5\,(\mathrm{L})} = 1.0\,(\mathrm{mol\ L^{-1}})$$

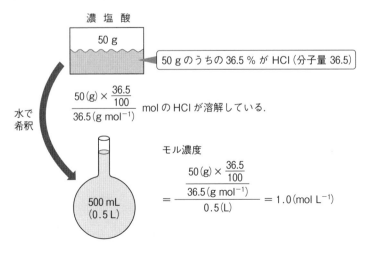

第2章 "モル"の計算がじつはいちばん大事！

も，まず作業手順の漫画を描いてみましょう．

まず，最初の塩酸の源である高濃度 (36.5 %) の塩酸 50 g のなかには，|50×(36.5/100)|(g) の塩化水素 (HCl) が溶けています．HCl の分子量は 36.5 ですので，溶けている HCl の物質量は |50×(36.5/100)|/36.5 = 0.5 mol です．この高濃度の塩酸に水をいくらか足して，全体で 500 mL になるよう希釈しました．つまり，0.5 mol の HCl が溶解した 500 mL の希塩酸を作ったわけです．

問題は，この希塩酸のモル濃度 (mol/L) を求めるというものですので，この希塩酸が体積にして 1 L あるとき，そこに何 mol の HCl が含まれているか求めると，0.5 mol × 1(L)/0.5(L) = 1 mol † になります．よって 1 L のなかに，1 mol の HCl が溶けていることになり，正答は ④ です．

この問題は単純なのですが，既知の数値をどのような順番で乗除すればよいかを 100 % 頭へ入れるために，鉛筆を持って繰り返し計算してください．

次は，質量パーセント濃度とモル濃度の間の単位の変換の問題です．これは基本的な計算で，たいへん重要です．ここで現れる，「密度」データの使い方が不得意な人は多いようです．必ずできるようになっておいてください．

問題 17 質量パーセント濃度 49 % の硫酸水溶液のモル濃度は何 mol/L か．最も適当な数値を，次の ①〜⑥ のうちから一つ選べ．ただし，この硫酸水溶液の密度は 1.4 g/cm^3 とする．

① 3.6 ② 5.0 ③ 7.0 ④ 8.6 ⑤ 10 ⑥ 14

〔25 年度本試験第 1 問問 3〕

⊕解説 一般的には濃度は質量パーセント濃度 (%) もしくはモル濃度 (mol/L (= M) や mol/m^3) で表されます．質量パーセント濃度は溶液をその重さで取り扱うときに，モル濃度は体積で取り扱うときに，それぞれ便利なことは明らかですね．また，モル濃度については，扱う量自体が小ぶりで体積を容易に測れる実験室では mol/L が，大釜などその容積を m^3 単位（←業界用語では立米と呼ぶことが多い）で測る方が容易な工場などでは mol/m^3 が使われること

---

† 比で考えると，0.5 mol : 0.5 L = x mol : 1 L となるのでこの式がでてきます．

が多いようです．学校で学ぶ機会が圧倒的に多い皆さんは mol/m³ より mol/L の方がなじみ深いかも知れません．とはいえ，両者ともよく使われる濃度の単位なので，相互の換算ができるようになっておくことはとても重要です．$1\,\mathrm{m}^3 = 10^3\,\mathrm{L}$ なので，$1\,\mathrm{mol/L}$ は $10^3\,\mathrm{mol/m^3}$ です．(これをよく $1\,\mathrm{kmol/m^3}$ とも書きますので，あわせて覚えておきましょう．)

ここで一つ，"鉄則"を述べておきます．<u>質量パーセント濃度 (%) とモル濃度 (mol/L (= M) や mol/m³) の相互換算には，必ず溶液の (質量) 密度データ (g/cm³, g/mL, g/cc, kg/m³ など) が要ります</u>．この問題でも，もれなく問題文の最後に「密度が $1.4\,\mathrm{g/cm^3}$」と与えられていることに気づいてください．これを見落とすと絶対に問題が解けません．

それでは，問題にとりかかりましょう．この問題では，% から mol/L の変換が問われています．求めたいのは mol/L，つまり 1 L に何 mol の H_2SO_4 が溶けているかですので，まずは 1 L の硫酸水溶液がここにあるものとして考えてみましょう．さて，1 L の硫酸水溶液の質量はどれだけでしょうか？ 1 L の硫酸水溶液の質量は $1.4\,(\mathrm{g/cm^3}) \times 1000\,\mathrm{cm^3} = 1400\,(\mathrm{g})$ ですね．このうち

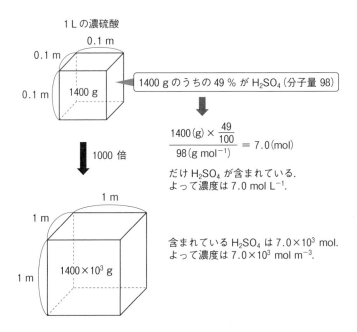

の49%が硫酸の質量です．ということは，この1Lの硫酸水溶液には {1400×(49/100)} (g) だけの硫酸が溶けていることになります．この物質量を求めればよいわけです．硫酸の分子式は H_2SO_4 で，分子量は98になりますから，1L中には {1400×(49/100)} /98 = 7(mol) だけ硫酸が溶けていることになり，正答は ③ となります．この問題は非常に重要です．単なる机上の学習とはとらえず，実務上のスキルとして必ず正答が導けるようになっておいてください．

　ちなみに，この硫酸が $1 m^3$ あったときには，その中には何molの硫酸が含まれているでしょうか？　1000倍の7000 molですね．

　ここでひとつ，よく用いられる体積の単位の最終確認をしておきましょう．

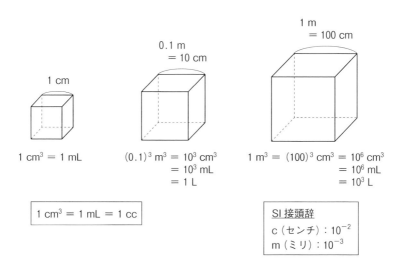

$1 cm^3 \xrightarrow{1000倍} 1 L \xrightarrow{1000倍} 1 m^3$ という量関係は必ず頭にいれておきましょう．

問題 18

14 mol/L のアンモニア水の質量パーセント濃度は何％か．最も適当な数値を，次の①〜⑥のうちから一つ選べ．ただし，このアンモニア水の密度は $0.90 g/cm^3$ とする．

① 2.1　② 2.4　③ 2.6　④ 21　⑤ 24　⑥ 26

〔24年度追試験第1問問3〕

◉解説　この問題はタイミングよく前問の逆バージョンになっていて，モル

濃度から質量パーセント濃度を求める問題です．ここでも，やはり密度は必須であることを思い出してください．

まず，このアンモニア水を 1 L だけ取り出すと，その重量は (1000×0.90) (g) です．そしてその中には物質量が 14 mol のアンモニアが溶けています．アンモニア (NH_3) の分子量は 17 ですから，14 mol のアンモニアは質量としては (17×14) g に相当します．これが上記の重さの溶液に溶けているので，その質量パーセント濃度は $\{(17 \times 14)/(1000 \times 0.90) \times 100\}$ (%) ≃ 26 (%) となり，⑥ が正答ということがわかります．分母はあくまでも"溶液の質量"(= 溶媒の質量 + 溶質の質量) です．これを"溶媒の質量"と間違える人がかなりいます．

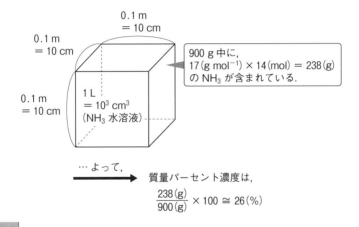

問題 19

硫酸銅（Ⅱ）五水和物を用いて，モル濃度 0.50 mol/L の硫酸銅（Ⅱ）水溶液 200 mL をつくる操作として最も適当なものを，次の ① 〜 ⑥ のうちから一つ選べ．

① 硫酸銅（Ⅱ）五水和物 12.5 g を水 200 mL に溶かす．
② 硫酸銅（Ⅱ）五水和物 12.5 g を水に溶かして 200 mL とする．
③ 硫酸銅（Ⅱ）五水和物 16.0 g を水 200 mL に溶かす．
④ 硫酸銅（Ⅱ）五水和物 16.0 g を水に溶かして 200 mL とする．
⑤ 硫酸銅（Ⅱ）五水和物 25.0 g を水 200 mL に溶かす．
⑥ 硫酸銅（Ⅱ）五水和物 25.0 g を水に溶かして 200 mL とする．

〔26 年度追試験第 1 問問 4〕

解説 ここでは，水和物にもともと組み込まれている水の分だけ，あとで加える水を減らさなくてはなりません．この手の計算を不得意とする人は多いようです．

まず，硫酸銅(Ⅱ)自体が 200 mL の水溶液中に，0.50 (mol/L)×(200/1000)(L) = 0.10 (mol) 溶けていなくてはなりません．この物質量自体は溶かされるものが水和物であっても，結局は同じです．どういうことかというと，$CuSO_4 \cdot 5H_2O$ が 0.1 mol あるとすると，これは $CuSO_4 \times 0.1$ mol + $5H_2O \times 0.1$ mol と書くことができます．つまり，水和物でも無水物でも，硫酸銅(Ⅱ)の物質量はどちらも $CuSO_4 \times 0.1$ mol で同じになります．硫酸銅(Ⅱ)五水和物の式量は 250 ですから，25.0 g の硫酸銅(Ⅱ)五水和物を溶かして全体積を 200 mL にすればよいということになり，正答は ⑥ですね．

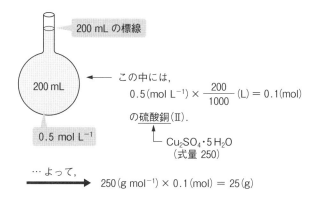

問題 20 硫酸銅(Ⅱ)五水和物 50 g を水に溶解させ，500 mL の水溶液とした。この水溶液のモル濃度は何 mol/L か。最も適当な数値を，次の①〜⑤のうちから一つ選べ。

① 0.10　② 0.20　③ 0.31　④ 0.40　⑤ 0.63

〔25 年度追試験第 1 問問 4〕

解説 これも水和物の問題です．

まず，硫酸銅(Ⅱ)自体が（無水物・水和物のどちらであるかにかかわらず）

何molあるのかというのが問題です．五水和物の状態で秤量していますから，五水和物の式量（= 250）で物質量を計算しなくてはなりません．硫酸銅(Ⅱ)五水和物の物質量が (50/250) mol で，これが体積 500 mL = 0.5 L になっています．ですから，求めるべきモル濃度は $\{(50/250)\times(1/0.5)\}$ (mol/L) = 0.40 (mol/L) で，正答は ④ です．

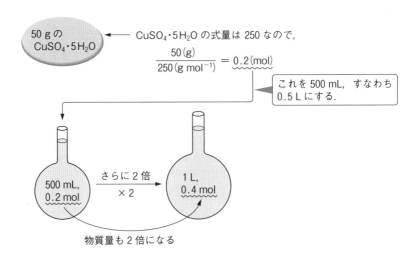

§2-2 気体の場合のモル計算 —いつも体積に要注意！—

標準状態という用語を覚えていますか．これは 273 K，1.013×10^5 Pa (1013 hPa) といわれますが，常識的ないいかたをすれば，0 ℃，1 気圧（≃ 大気圧）のことです．

問題 21 標準状態における体積が最も大きい気体を，次の ①〜⑤ のうちから一つ選べ．

① 3 g の水素　　② 8 g のヘリウム　　③ 32 g の酸素
④ 16 g のメタン　　⑤ 44 g の二酸化炭素

〔26 年度追試験第 1 問問 2〕

第 2 章 "モル"の計算がじつはいちばん大事！

解説 標準状態の気体の場合，1 mol の体積は種類によらず 22.4 L で一定，というのが最重要ポイントです．まず ① から ⑤ についてそれぞれ物質量を計算すればよいのです．① の場合，水素気体（H_2）の分子量は 2 ですから，3 g は 1.5 mol です．まったく同じように，② は 2 mol，③ は 1 mol，④ は 1 mol，⑤ は 1 mol にそれぞれ相当します．よって正答は ② です．この体積が標準状態（0 ℃，1 気圧）で 44.8 L であることはわかりますね．

問題 22

標準状態での窒素の密度を d〔g/L〕，窒素原子のモル質量を A〔g/mol〕，アボガドロ定数を N_A〔/mol〕とするとき，標準状態の窒素 4 L 中に存在する窒素分子の数を求める式として最も適当なものを，次の ①～⑥ のうちから一つ選べ．

① $dN_A/2A$　② dN_A/A　③ $2dN_A/A$　④ $N_A/2dA$　⑤ N_A/dA　⑥ $2N_A/dA$

〔26 年度追試験第 1 問問 5〕

解説 この種の問題は不得手にしている人がとても多いように感じます．しかし，諸量間の関係を代数的な表現式へ落とし込む操作は，机上での勉強のみならず産業技術のうえでも最も有力な手段の一つなので，ていねいに追ってみましょう．

まず，この 4 L の窒素（N_2：気体）の物質量はいくつでしょうか？ それを求めるためには，質量を求める必要があります．幸い密度 d（g/L）が与えられていますね．窒素はいま 4 L ありますから，その質量は $4d$（g）です．窒素原子のモル質量は A（g/mol）ですから，窒素気体のそれはその 2 倍の $2A$（g/mol）になります．

ここでモル質量という用語が出てきました．これは「1 mol あたりの質量」という意味で，実質的には原子量や分子量，式量と同じものであると考えてください．（厳密なことをいうとそうではないらしいのですが，実際には，原子量・分子量・式量などに単位 g/mol を付けることはしばしばあります．）

窒素の 1 mol あたりの質量が $2A$（g）であることがわかりましたので，$4d$（g）の窒素の物質量は $\{(4d)/(2A)\}$（mol）です．1 mol というのは分子や原子などの基本構成粒子を大きくひとまとめにするための単位で，そのひとまとまり

(1 mol) のなかに含まれる粒子の数がアボガドロ定数 N_A (個/mol) です．よって，もし物質量が $\{(4d)/(2A)\}$ (mol) であるならば，これに N_A (個/mol) を乗じて得られる値がこの問題の答えです．正答は ③ の $(2dN_A)/A$ になります．

問題 23

下線部の数値が最も大きいものを，次の ①〜⑤ のうちから一つ選べ．

① 標準状態のアンモニア 22.4 L に含まれる水素原子の数
② メタノール 1 mol に含まれる酸素原子の数
③ ヘリウム 1 mol に含まれる電子の数
④ 1 mol/L の塩化カルシウム水溶液 1 L 中に含まれる塩化物イオンの数
⑤ 黒鉛（グラファイト）12 g に含まれる炭素原子の数

〔25年度本試験第1問問4〕

◎解説 アボガドロ定数を N_A とします．① のアンモニアのモル数が 1 mol であることはわかりますね（標準状態で 1 mol といえば 22.4 L！）．1 個のアンモニア分子（NH₃）に水素原子は 3 個付いていますから，水素原子は 3 mol だけあり，よってその個数は $3N_A$ 個です．② も考え方は同じです．メタノールの分子式 CH₃OH が思い出せれば，1 mol のメタノールには 1 mol の酸素原子が含まれていることがわかります．よってこの酸素原子の個数は N_A 個です．

③ のヘリウムは希ガスの一種で，希ガスの最大の特徴として，単原子分子の状態をとります．He の原子番号が 2 であることを覚えていますか．陽子の数が 2 個ですから，それと電気的に釣り合う電子の個数は 2 個です．よってヘリウム 1 mol には $2N_A$ 個の電子が含まれています．

④ の水溶液に溶けている塩化カルシウムのモル数は $1(\text{mol/L}) \times 1(\text{L}) = 1$ (mol) です．塩化カルシウムの組成式は CaCl₂ です．（Ca は 2 族元素で，イオンになる場合は必ず二価の陽イオンになります．このことから，一価の塩化物イオン Cl⁻ は 2 個必要です．）よって，ここでの塩化物イオンの個数は $2N_A$ 個ですね．⑤ の黒鉛（グラファイト）は炭素の単体の一種で，その化学式 C は組成式です．C の原子量が 12 であることは覚えておきましょう．すると 12 グラムの黒鉛の物質量は 1 mol です．よって含まれている炭素原子の数は N_A 個で，正答は ① の $3N_A$ 個です．

問題 24

メタン,酸素,ネオンの標準状態における密度の大小関係を正しく表しているものを,次の ①〜⑤ のうちから一つ選べ.

① メタンの密度 = 酸素の密度 = ネオンの密度
② メタンの密度 = 酸素の密度 < ネオンの密度
③ メタンの密度 < 酸素の密度 < ネオンの密度
④ 酸素の密度 < ネオンの密度 < メタンの密度
⑤ メタンの密度 < ネオンの密度 < 酸素の密度

〔25年度追試験第1問問3〕

解説 この問題はとても基本的ですが重要な内容を含んでいますので,慎重に読んで必ず理解しておかなくてはなりません.

温度と圧力が共通していれば,同じ体積の気体のなかには,同じ物質量の気体が含まれています.(この関係は $PV=nRT$ を思い出せば分かりますね.)よって,同じ体積であっても分子量が大きい気体ほど質量が大きいということです.

メタン(CH_4),酸素(O_2),ネオン(Ne)の分子量はそれぞれ 16, 32, 20 です.(ネオンは希ガスで,単原子分子状態をとります.)よって,密度は小さい順に,メタン,ネオン,酸素となり,正答は ⑤ です.

ここで,この問に答えるには直接は必要ないのですが,気体の状態方程式のことを思い出しておきましょう.この方程式は,気体の体積(V)が絶対温度(T)に比例し,かつ圧力(P)には反比例するという経験的事実を記述しています.n をその気体の物質量とすると,$PV=nRT$(R:気体定数)となります.1 mol の気体が 273 K,1.031×10^5 Pa で 22.4 L(22.4×10^{-3} m^3)を占めるという数値を代入して,気体定数 R を求めてみましょう.(答:$R = 8.31$ Pa m^3 mol^{-1} K^{-1} = 8.31 J mol^{-1} K^{-1})

問題 25

ドライアイスが気体に変わると,標準状態で体積はおよそ何倍になるか。最も適当な数値を,次の ①〜⑤ のうちから一つ選べ。ただし,ドライアイスの密度は,1.6 g/cm^3 であるとする。

① 320 ② 510 ③ 640 ④ 810 ⑤ 1000

〔24年度本試験第1問問4〕

◎解説 この問題にはいきなりドライアイスが登場するので，かなり面くらってしまう人も多いでしょう．しかし基本は同じです．まず1 molのドライアイスを切り出してください．その体積はどれだけあるでしょうか？ ドライアイスはいうまでもなく二酸化炭素（CO_2）の結晶性固体で，分子量は44です．ということは，1 molのドライアイスの質量は44 gです．ドライアイスの密度は1.6 g/cm^{3}と与えられていますので，1 molのドライアイスの体積は(44/1.6)(cm^3)ですね．

このドライアイスが昇華して標準状態になると，何molの二酸化炭素気体になるでしょうか？ <u>昇華は化学反応ではありませんから，物質量は変わりません</u>．ということは，1 molのままですね．ですから，この気体の体積は，1 molの標準状態の気体の体積である22.4 Lです．これをcm^{3}へ単位変換すると22400 cm^{3}です．（くりかえしになりますが，<u>1 L = 1000 cm^{3}は絶対に覚えてください！</u>）よって，ドライアイス(44/1.6)(cm^3)が気体の二酸化炭素22400 cm^{3}へと大膨張するわけです．体積膨張率は，|22400/(44/1.6)|倍 ≒ 810倍で，正答は④です．

どのような物質でも，固相→液相の転移での体積変化はごく小さなものです．これに対して，気化すると体積は三桁（けた）程度は大きくなります．固体と液体が凝縮相と呼ばれるのに対し，気体は希薄相と呼ばれる所以（ゆえん）です．

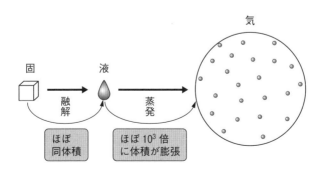

35

第2章 "モル"の計算がじつはいちばん大事！

§2-3 化学反応を伴うモル計算 —反応量論の基礎の基礎はコレ—

次に，気体の化学反応がからんだモル計算に取り組んでみましょう．化学反応がからむ，というのは，要するに，物質量の変化が起こるということです．

問題 26 水素とメタンの物質量の比が2:1の混合気体が標準状態で3.0 Lある．これを完全燃焼させるには，標準状態の空気は何L必要か．最も適当な数値を，次の①～⑥のうちから一つ選べ．ただし，空気に含まれる酸素の体積の割合は20％とする．
① 2.0　② 3.0　③ 4.0　④ 12　⑤ 15　⑥ 23

〔26年度本試験第1問問5〕

@解説 この問題では，反応を含む基本的な要素が複数組み合わされていて，その一つずつを正しく処理できるかどうかが大事なポイントです．まず，水素とメタンの物質量の比が2:1であることから，3.0 Lの混合気体のうち2.0 Lが水素，1.0 Lがメタンであることがわかります．（圧力と温度が一定の気体の場合，気体の種類によらず体積とモル数（物質量）は互いに一定の比例定数で比例します．標準状態（0℃，1気圧）で占有体積22.4 L！）

次に，水素，メタンそれぞれに対して，燃焼の化学反応式（量論式）を書いてください．それぞれ，下記のようになりますね．

$$水素：H_2 + \frac{1}{2} O_2 \rightarrow H_2O$$

$$メタン：CH_4 + 2O_2 \rightarrow CO_2 + 2H_2O$$

（ところで，反応式の係数が最小の整数になるように $2H_2 + O_2 \rightarrow 2H_2O$ と書くのが高等学校では強く推奨されるようです．おそらくこれは，分子は分割できない粒である，という考えに由来しており，正当な主張です．しかし，1 molの水素の完全燃焼には何molの酸素が必要とされるかということを示すためには，むしろ，上記の書きかたの方がよいと思います．事情に応じてわかりやすい方を選べばよいという感じです．）

これらの量論式から，完全燃焼に必要とされる酸素の量は，それぞれモル比

にして，水素では 1:1/2，メタンでは 1:2 であることがわかります．よって，2 L の水素に対しては 1 L の酸素，1 L のメタンに対しては 2 L の酸素が必要です．つまり，合計 3 L の酸素が必要ということになり，空気に含まれる酸素の体積の割合が 20 % であることを考えると，正答は ⑤ となります．

この計算は，加熱炉やエンジンなど，最低限必要な空気の量を求めることが技術上の死活問題であるような状況で大変重要であることが理解できるでしょう．

問題 27

窒素 1.00 mol と水素 3.00 mol を混合し，触媒を用いて反応させたところ，窒素の 25.0 % がアンモニアに変化した．標準状態で反応前後の混合気体の体積を比較するとき，その変化に関する記述として最も適当なものを，次の ①～⑤ のうちから一つ選べ．
① 22.4 L 減少する．　② 16.8 L 減少する．　③ 11.2 L 減少する．
④ 5.60 L 減少する．　⑤ 変化しない．

〔24 年度追試験第 1 問問 4〕

解説 ここでは窒素 (N_2) と水素 (H_2) からアンモニア (NH_3) が生成されます．まずこの反応の量論関係を確認しておきましょう．

$$N_2 + 3H_2 \rightarrow 2NH_3$$

いま，もともとあった窒素 1 mol のうちの 25 % が反応したとすると，N_2 がアンモニアへ転化して 0.25 mol 分だけ減ったことになります．上記の量論関係から，このとき 3 倍のモル数，すなわち 0.75 mol の H_2 がこの N_2 の転化に伴ってアンモニアへ化けます．（いまの場合は H_2 が 3 mol ありましたから，0.75 mol をアンモニアの生成へ使っても充分に余りがあります．どちらかが使われ切って 0 mol になってしまうと，それ以上は原理的に反応が進むわけがありませんから，化学反応を扱う場合は，すべての構成成分が消滅しないか，注意してください．）

生成物であるアンモニアは，N_2 の減少分 0.25 mol の 2 倍である 0.5 mol だけ生成されます．ということは，物質量の変化は，以下のように整理できます．

第2章 "モル"の計算がじつはいちばん大事！

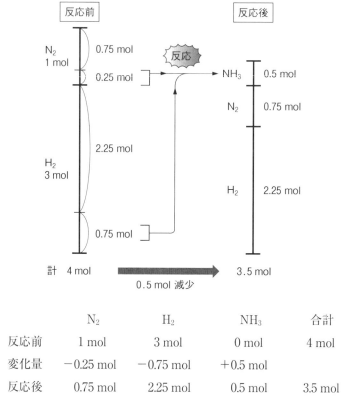

	N_2	H_2	NH_3	合計
反応前	1 mol	3 mol	0 mol	4 mol
変化量	-0.25 mol	-0.75 mol	$+0.5$ mol	
反応後	0.75 mol	2.25 mol	0.5 mol	3.5 mol

よって，気体種の総計の物質量は，反応により0.5 mol 減少するはずです．ですから，体積は標準状態（0℃，1気圧）で11.2 Lだけ減少することになり，正答は ③ です．

問題 28 原子量が55の金属Mの酸化物を金属に還元したとき，質量が37％減少した．この酸化物の組成式として最も適当なものを，次の①～⑥のうちから一つ選べ．

① MO ② M_2O_3 ③ MO_2 ④ M_2O_5 ⑤ MO_3 ⑥ M_2O_7

〔25年度本試験第1問問5〕

解説 この問題はとても簡単なのですが，まず思い切って，生成する酸化

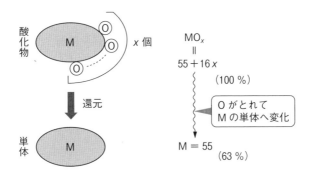

物の組成式を「MO$_x$」とおけるかどうかが答えを出せるか否かの分かれ目です．もし x が自然数として得られなかったときは，それが自然数になるように必要数をかければよい，というだけです．組成式 MO$_x$ の式量が $55+16x$ になることがわかればあとは簡単です．

$55+16x$ から 55 への減少が 37% の減少なのですから，$(55+16x):55=100:(100-37)$ という比が成り立ちます．これを解けば $x \fallingdotseq 2.02 \fallingdotseq 2$ です．

ちなみに，原子量が 55 の金属はマンガン（Mn）で，マンガンの酸化物は多くの人が聞いたことがある化学物質名「酸化マンガン（Ⅳ）」という通り，MnO$_2$ です（二酸化マンガンとも呼びます）．

問題 29

ある元素 M の単体 $1.30\,\mathrm{g}$ を空気中で強熱したところ，すべて反応して酸化物 MO が $1.62\,\mathrm{g}$ 生成した．M の原子量として最も適当な数値を次の ①〜⑤ のうちから一つ選べ．

① 24　　② 48　　③ 52　　④ 56　　⑤ 65

〔24 年度本試験第 1 問問 3〕

🔍 **解説**　これはほぼ前問と同じですね．ただ M と O の量論比が $1:1$ と最初からわかっています．M の原子量を x とすれば，$x \to x+16$ という式量上の増加が $1.30\,\mathrm{g} \to 1.62\,\mathrm{g}$ という質量上の増加に相当するわけですから，$x:x+16=1.30:1.62$ という比が成り立ちます．ここから $1.62x=1.30(x+16)$ となり，$x=65$ となります．

ちなみにこの原子量 65 の金属は亜鉛（Zn）です．亜鉛は二価の陽イオンに

なり，その酸化物は ZnO です．酸化亜鉛粉体は，亜鉛華などと呼ばれ，白色顔料などで大量に使用されるたいへん身近な基礎化成品です．

問題 30

0.40 mol/L の塩化鉄（Ⅲ）水溶液 20 mL に，十分な量のアンモニア水を加えて得た沈殿をすべてろ過して取り出し，バーナーで強熱して酸化鉄（Ⅲ）の粉末を得た．この粉末の質量は何 g か．最も適当な数値を，次の ①〜⑥ のうちから一つ選べ．

① 0.32　② 0.64　③ 1.3　④ 3.2　⑤ 6.4　⑥ 13

〔25 年度本試験第 3 問問 6〕

●解説　ここでは，最初塩化物だった鉄が，いったん水酸化物の沈殿として回収されたあとに完全に酸化されて三価の酸化鉄になるという反応のコースをたどります．

では鉄は何 mol あるのでしょうか？　三価の塩化鉄の式量は，ここではいっさい気にかける必要はありません．塩化鉄水溶液の濃度がすでに 0.40 mol/L と与えられているからです．題意から，$FeCl_3$ は $\{0.40 \times (20/1000)\}$ (mol) だけあることになります．よって鉄 (Fe) も同じモル数だけあります．酸化鉄（Ⅲ）の組成式は Fe_2O_3 ですから，鉄がすべて酸化鉄（Ⅲ）になれば，$\{0.40 \times (20/1000)\}$ (mol) の半分の物質量の酸化鉄（Ⅲ）Fe_2O_3 ができます．酸化鉄（Ⅲ）の式量は $56 \times 2 + 16 \times 3 = 160$ なので，生成された酸化鉄（Ⅲ）の質量は $160 \times (1/2) \times \{0.40 \times (20/1000)\} = 0.64$ (g) となり，② が正答です．

いうまでもなく，

$$Fe + \frac{3}{4} O_2 \rightarrow \frac{1}{2} Fe_2O_3 \quad (\leftarrow Fe_2O_3 \text{ のモル数は Fe のモル数の半分！})$$

という量論関係が正確に理解できていることが要点です．

ところで，鉄はあらゆる意味で人類にとって最も身近で，かつ有用な金属だといってよいでしょう．自然界では鉄はまずほとんど単体でいることはありません．鉄はかなり陽イオンになりやすい金属です．鉄が空気中で錆びやすいという常識もこのことに対応しています．そして価数は +2 と +3 の二通りあります．二価と三価ではそれぞれ淡緑と橙色と，色がはっきり異なっています．

価数により発色が異なることは金属イオンにはよくあることなのですが，鉄の二価と三価の間のこの変化はとりわけ顕著なので，実験をするときなどは要チェック項目です．

問題29の「亜鉛」ついでに次を考えてみてください．

問題 31

3.0ｇの亜鉛板を硝酸銀水溶液に浸したところ，亜鉛が溶解して銀が析出した．溶解せずに残った亜鉛の質量が1.7ｇのとき，析出した銀の質量は何ｇか．最も適当な数値を，次の①〜⑤のうちから一つ選べ．

① 1.1　② 2.2　③ 2.8　④ 4.3　⑤ 5.0

〔24年度追試験第2問問5〕

解説　この問題はもちろんモル計算の問題なのですが，それと同時に金属の性質のうちのかなり重要なところをついています．それは「イオン化傾向」です．大学受験時代が終わると，イオン化傾向という用語は「酸化還元電位」という，より高等サイエンスらしい風合いの用語にすっかり押されてしまい，あまり正式な用語としては使われなくなるようなのですが，昔からイオン化傾向の順を覚えるための語呂合わせはいくつもあります．（もし手もとに受験参考書がなければ，インターネットで"イオン化傾向"の検索をすれば必ず見つかります．）それらは皆有名で，なおかつ大変役に立ちますので，ぜひ覚えてください．（受験勉強の化学が実際の場面では役に立たないというのはウソです．）

硝酸銀の水溶液に亜鉛の単体を浸すと，（イオン化傾向の大小関係の常識として）亜鉛の方が銀よりもはるかにイオンになりやすく，硝酸イオンのパートナーは銀イオンから亜鉛イオンへ交替します．

銀イオンは一価，亜鉛イオンは二価であることを忘れないでください．ここでは亜鉛単体の質量が3.0ｇから1.7ｇへ，すなわち1.3ｇだけ減少したわけですから，亜鉛の原子量が65であることから，$(1.3/65)$ molだけ亜鉛が硝酸イオンの相手となったことがわかります．亜鉛の価数は2で，これは銀の価数1の2倍ですから，銀イオン（Ⅰ）は $\{(1.3/65)\times 2\}$ molだけ還元されて単体の金属銀となり，析出します．銀の原子量は108なので，析出する銀の質量は $\{108$

第 2 章 "モル"の計算がじつはいちばん大事！

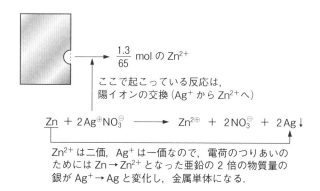

×(1.3/65)×2} g ≃ 4.3 g で，正答は ④ ですね．

もう一つだけ亜鉛の問題を考えてみましょう．（亜鉛を少ししつこく解説しているのには理由があります．後述部分を読んでいただければおわかりになると思います．）

§2-4 少し複雑な化学反応が関わる場合 —錯イオンや有機化合物—

問題 32

亜鉛の粉末を水酸化ナトリウム水溶液に加えて熱したところ，完全に溶解して標準状態で 2.24 L の水素が発生した．この溶液に十分な量の硫化水素を通じたところ，溶解した亜鉛はすべて白色沈殿として析出した．得られた沈殿の質量は何 g か．最も適当な数値を，次の ①〜⑥ のうちから一つ選べ．
① 9.70 ② 9.90 ③ 12.9 ④ 19.4 ⑤ 19.8 ⑥ 25.8

〔24 年度追試験第 3 問問 6〕

◎解説 この問題は，亜鉛を水酸化ナトリウム水溶液へ溶かしたときに起こる反応が正確に理解できているか否かがポイントです．その反応式さえ正しく求められればあとはとても簡単です．（…ただしそこが鬼門です．）

この鬼門（錯イオン）の反応式の成り立ちについては後述しますが，とにかくその量論式は次のようになります．

$$Zn + 2NaOH + 2H_2O \rightarrow Na_2[Zn(OH)_4] + H_2\uparrow$$

（右辺の亜鉛化合物は明らかに錯イオン（$[Zn(OH)_4]^{2-}$）ですね．これはわかり

づらく，やっかいなしろものです．）

とはいえ，とにかく上記の量論式から，出発物質の亜鉛と，発生する水素気体のモル比は，1：1であることがわかります．標準状態で 2.24 L，というのがモル数でいえば 0.1 mol であることはすぐにわかると思います．よって，溶解した亜鉛のモル数も 0.1 mol です．次に，錯イオン $[Zn(OH)_4]^{2-}$ が含まれる水溶液へ硫化水素 H_2S を通すと，いわば中和反応が起こります．亜鉛の硫化物は白色沈殿で，その組成式は ZnS です．これは亜鉛イオン Zn^{2+} と硫化物イオン S^{2-} がペアになったものです．よって，この反応式は次のようになります．

$$[Zn(OH)_4]^{2-} + H_2S \rightarrow ZnS\downarrow + 2H_2O + 2OH^-$$

いま，亜鉛は 0.1 mol ありますから，$[Zn(OH)_4]^{2-}$ も 0.1 mol あり，結果として ZnS も 0.1 mol できることになります．組成式 ZnS の式量は 65 + 32 = 97 ですから，その 0.1 mol 分は 9.70 g で，① が正解です．

ここで錯イオンの簡単な解説をしておきます．$[Zn(OH)_4]^{2-}$（テトラヒドロキシド亜鉛(Ⅱ)酸イオン／旧名 テトラヒドロキソ亜鉛(Ⅱ)酸イオン）は，亜鉛イオン Zn^{2+} のまわりに 4 個の水酸化物イオン OH^- がはり付いた（配位した）ものです．全体としては電荷は $+2 + (-1) \times 4 = -2$ ですから二価の陰イオンです．

ふつう，単体金属は塩酸や硝酸などの強酸に溶けます．しかし，酸だけでなく塩基性の水溶液にも溶ける金属があり，それらを両性金属と呼びます．なぜ両性という性質が現れるのか，というようなことになると，その説明はじつは

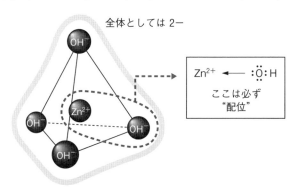

テトラヒドロキシド亜鉛(Ⅱ)酸イオン

第2章 "モル"の計算がじつはいちばん大事！

…かなり難しいものです．

両性金属の種は限られています．実際は亜鉛，スズ，鉛，アルミニウムあたりが典型的な両性金属なのだ，と記憶しておく程度で不自由はありません．これらの両性金属が塩基性水溶液に溶ける場合は，必ずその両性金属の陽イオンを中心として錯イオンを形成すると考えてください．（金属イオンを中心とする錯イオンの形成を電子軌道で量子化学の視点から説明するというのは，大学課程での無機化学分野の一つのハイライトで重要な部分ですが，関心や必要性のある人が熱意を持って取り組めばよいアドバンストな学習内容だと思います．）

次がこの章最後の問題です．この種の基本的な量論式にもとづくモル計算は，大学課程の理科系学生であるならば必ずできるようになっておいてほしいところです．

問題 33

分子式が $C_xH_yO_4$ で表される化合物 A がある。図のような装置を用いて元素分析を行ったところ，化合物 A 84 mg から，水 36 mg と二酸化炭素 176 mg が生成した。$C_xH_yO_4$ の x と y の組合せとして最も適当なものを，下の ①～⑥ のうちから一つ選べ。

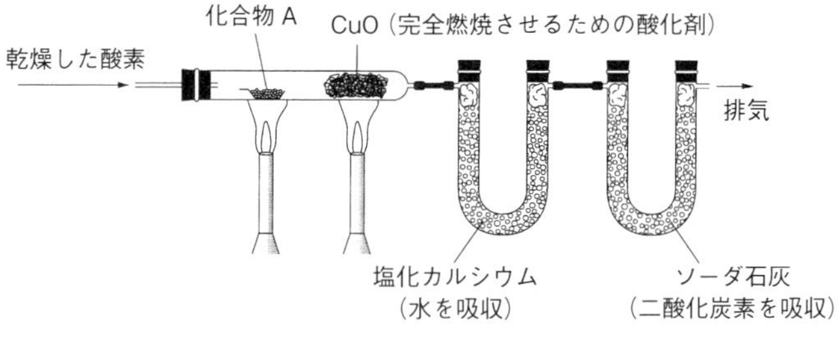

	x	y
①	4	4
②	4	8
③	6	6
④	6	12
⑤	8	8
⑥	8	16

〔24 年度本試験第 4 問 7〕

🔍 解説 まず，化合物 A ($C_xH_yO_4$) の完全酸化反応の反応量論式が次のように正しく書けるでしょうか？ 気づいてほしいのは，O の数に関係なく，生成物 CO_2, H_2O の量論係数はそれぞれ x と $y/2$ であるということです．

$$C_xH_yO_4 + (x + \frac{y}{4} - 2)O_2 \rightarrow xCO_2 + (\frac{y}{2})H_2O$$

いま，化合物 A が α mol あったとします．すると上式から二酸化炭素，水はそれぞれ αx (mol)，$\alpha y/2$ (mol) だけ生成されることになります．$C_xH_yO_4$ の分子量を x, y を用いて表すと $12x+y+64$ になります．CO_2, H_2O の分子量はそれぞれ 44，18 です．分子量 44 の二酸化炭素が αx (mol) でき，その質量が 176 mg ですから，次のような式が成り立ちます．

$$44\alpha x \,(g) = \frac{176}{1000} \,(g) \tag{a}$$

分子量 18 の水に対しても同様の表式ができます．

$$18\alpha \frac{y}{2} \,(g) = \frac{36}{1000} \,(g) \tag{b}$$

分子量が $12x+y+64$ である化合物 A については，

$$\alpha(12x+y+64) = \frac{84}{1000} \,(g) \tag{c}$$

未知数が α, x, y の3個で，これに対して関係式が (a)，(b)，(c) の3本

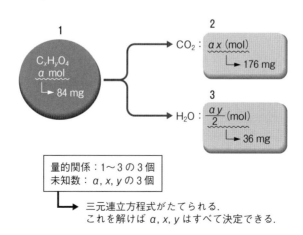

45

ありますから,これら3本の式を三元連立方程式とみなして解けば,α, x, y の3数値は必ず求まります.

式 (a) を x について解けば,

$$x = \frac{176}{1000 \times 44\alpha} = \frac{4}{1000\alpha}$$

となります.同様に式 (b) を y について解けば,

$$y = \frac{4}{1000\alpha}$$

です.これらを式 (c) へ代入して x と y を消去すれば,

$$\alpha \left\{ 12 \times \frac{4}{1000\alpha} + \frac{4}{1000\alpha} + 64 \right\} = \frac{84}{1000}$$

となります.この未知数 α についての方程式は容易に解け,$\alpha = 1/2000$ が求まります.これよりただちに $x = y = 8$ となり,正答は ⑤ です.

第 2 章のまとめ

　数値と式をセオリー通りに使って求めるべき値を出していくという作業が，（基礎的な）化学の勉強の一環であると認識している人は少ないように感じています．また，認識はあっても，計算は嫌いだ，という人は多いようです．

　化学反応式だけに化学の本質があると考えると，どうしても，化学では足し算とは元素記号の足し算，つまり反応式のことだと考えてしまう傾向があります．もちろん，知っている物質種や化学式のバリエーションを増やすことは決して無駄ではありません．しかし，実験や工場での「実務」レベルでは，既知物質の量的関係を計算するためのモル計算の方がはるかに重要であることが多いでしょう．（化学反応式にしても，正しい係数を与える式を書かなくてはいけないのは無論のことです．）

　ここまで，この章ではセンター試験に出題された 18 題の基本的な計算問題を題材にして，モル計算の「型」を身に付けてもらおうと考え，かなりていねいに解説を書いてきました．試験にとどまらず，将来的にあなたがたずさわるかも知れない実務の現場で，たとえ複雑な問題を相手にしなくてはならないときがあるにしても，基本的にはこの章に出てきたような内容を正しく組み合わせて式を作り，解くことができれば，その延長線上としての実務も必ずやり抜くことができます．ゆっくりで構いませんから，とにかく，めんどうくさがらないでください．最初は解説を読んでそれにそってで構いません．だんだんと自力で解けるようになってくれば，あとは自分で未知の問題や実験プランの立案にチャレンジする気力も出てきます．

第3章 大学で学ぶ"化学熱力学"の準備としての"熱化学方程式"

― 熱は生成物？ それとも状態の指標？―

この章の学習ポイント

① 高等学校の化学で学習した「熱化学方程式」の復習． ▶ 問題 34-37
② 「熱化学方程式」から，物質の状態指標としての「熱」のとらえ方への橋渡し（「化学熱力学」への第一歩） ▶ 問題 34-37
③ 物質の変化（← 化学変化に限らない）に伴う熱のやりとりに関する諸用語の確認． ▶ 問題 38, 39
④ 最低限できるようになっておいてもらいたい「熱」の計算． ▶ 問題 40, 41, 42

　少し大きな書店へ行き，理科系の書籍の棚，それも「物理学・化学」とでも区分されたコーナーにずらりとならぶ書籍の背表紙を眺めてみてください．「熱力学」または「化学熱力学」という語がタイトルに含まれた書をたちどころに何冊も見つけることができると思います．○△化学，というタイトルの書籍もたくさん見つかるでしょう．無機化学，有機化学，分析化学，物理化学，…．ただ，「熱化学」という分類はおそらく見あたらないと思います．大学などへ入学してしばらくたった皆さんも，「そういえば，大学へ入る前は教科書やセンター試験などでよく見た"熱化学方程式"という用語は，なぜか最近あまり見かけなくなったなぁ」という印象があるかと思います．これには確たる理由があるわけではありませんが，おそらく，高等学校の課程で学んだ熱化学方程式での"熱"の位置づけは，その後に続く大学や高専で学ぶ「化学熱力学」での"熱"の位置づけ，意味合いとは根本的に異なるところがあるからだと思います．その差異をのみこんだうえで，センター試験のときに取り組んだ熱化学方程式の問題を解けるようにして，化学熱力学の理解の礎(いしずえ)にしておくのはかなり有用なことだと思います．何事も，一度やったことは決して無駄ではありません．

§3-1　"熱"をどのような量ととらえるか
－生成物か？　状態の指標か？－

（高等学校課程での）熱化学方程式と（大学入学以降の）化学熱力学では，熱のとらえ方にどのような根本的な差異性があるか，身近で具体的な例を引き合いに出して考えてみましょう．いま，1 mol の固体の水，すなわち氷に，熱 Q_1 (>0) を加えると融解して 1 mol の液体の水になったとします．これを素直に熱化学方程式にすると，下記のようになります．（ここで"素直に"というのは，まるで化学反応式を書き下すのと同じように，という意味です．）

$$H_2O (氷) + Q_1 (J/mol) = H_2O (水)$$

この式はたいてい熱の部分が右辺に来るように書かれます．すなわち，慣例として，

$$H_2O (水) = H_2O (氷) + Q_1 (J/mol)$$

と書きます．この式は，熱化学方程式の考え方の範囲では，「1 mol の水が完全に凍って 1 mol の氷になるとき，Q_1 (J) の熱が発生し，放出される」と理解されます．つまり，発生する熱 Q_1 は，あたかもこの「水 → 氷」という変化（反応でも同じ）により生成した生成物のように受けとめられています．このため，連立方程式を式変形して変数を消去するのと同じように，熱化学方程式でも必要でない物質の表記を消していけば，最後には正しい「生成物」としての発生熱量が求められる，というのが，高等学校の課程で教わる熱化学方程式の考え方です．このことを理解するために，上記の氷の融解の表式に下記の別の式を組み合わせてみましょう．

$$H_2O (水蒸気) = H_2O (水) + Q_2 (J/mol)$$

この式が，1 mol の水蒸気が凝縮して 1 mol の水になると，Q_2 (J) (ただし $Q_2 > 0$) の熱が（一種の生成物として）発生する，という意味であることはすぐにわかるでしょう．上二式のつなぎ役が H_2O (水) であることはわかりますね．実際，H_2O (水) が消去できて，

$$H_2O (水蒸気) = H_2O (氷) + Q_1 (J/mol) + Q_2 (J/mol)$$

となります．すなわち，1 mol の水蒸気が 1 mol の氷になるときには全部で ($Q_1 + Q_2$) (J) の熱が"生成物"として放出される，と読み取れます．

第3章 大学で学ぶ"化学熱力学"の準備としての"熱化学方程式"

さて,熱化学方程式を「解く」ということであれば,とりあえずこれで充分ですが,もう少し見通しをよくするために,たとえば次のように読み替えてみましょう.

例) H_2O(水)$= H_2O$(氷)$+ Q_1$(J/mol)

⇒【読み替え】1 mol の水が凍って 1 mol の氷になるときに Q_1(J)の熱が放出される,ということは,「1 mol の氷に属している熱は,放出されて失われた分の Q_1(J)だけ,1 mol の水に属している熱よりも少ない.」と読み替えられます.これはいわば,財布のなかのお金を「発熱」として Q_1 だけ払えば持ち金(持ち熱)はそれだけ減る,というのと同じです.そして,その時点での持ち金の額を,そのときの熱的な状態の指標と考えよう,というのが,今後皆さんが大学入学以降,勉強する可能性のある化学熱力学の基本的な考え方です.

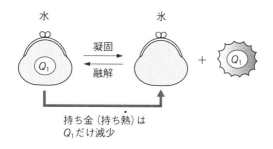

さて,この考え方をより詳しくみてみましょう.まず,財布をひっくり返しても何も落ちてこない状態のことを「持ち金 = 0(ゼロ点)」と考えます.こうしておかないと,そのあとお金の出入りがあってそれを一つずつもれなく家計簿につけてあったとしても,いまいくら財布にお金が入っているかを数字として確定できないからです.じつは化学熱力学でも同じことがいえます.化学熱力学では,「常識的な単体」をゼロ点とするのです.

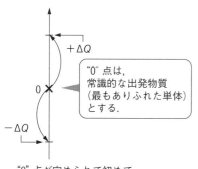

単体とは,単一の元素だけからなる物質のことで,たとえば H_2O が生成する場合は,水素 (H) と酸素 (O) のみからなる最もありふれた単体,すなわち H_2 (気体) と O_2 (気体) をそれぞれゼロ点とします.

実際に熱の収支を考えてみると,

$$H_2 (気体) + \frac{1}{2} O_2 (気体) = H_2O (水) + Q_3 (J/mol)$$

のように,単体の水素と酸素が反応して水が生成するとき,1 mol あたり Q_3 (J) だけ熱が放出されるということは,1 mol の水 (H_2O (水)) の「持ち金:熱」は左辺の出発状態 (単体なので 0) に対して $-Q_3$ (J) である,ということになります.さらに,その水が 1mol あたり Q_1 (J) の熱を放出して氷になったとすれば,1 mol の氷の持ち金は $-Q_3$ (J) からさらに Q_1 (J) だけ減って $-Q_3$ (J) $- Q_1$ (J) $= -(Q_1 + Q_3)$ (J) となります.では,1 mol の水蒸気の持ち金はいくらでしょうか? 1 mol の水の持ち金が $-Q_3$ (J) で,そこに Q_2 (J) だけ加えてやれば 1 mol の水蒸気の持ち金です.持ち金 = 指標ですから,H_2O の液体,固体,気体の指標はそれぞれ $-Q_3$,$-(Q_1 + Q_3)$,$-Q_3 + Q_2$ となります.

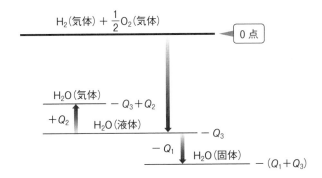

また,ここではまだ覚えておかなくても構いませんが,このような指標はむろん熱だけではなく複数種類あります.これは,持ち金の額だけがその人の現在の状態を特徴づける指標量ではない,ということと同じです.身長,体重,クレジットカードの個人番号,…,いろいろな数値的指標がありえます.そして,このようなモノの状態を特徴づけるさまざまな指標群のことを「状態量」

といいます．状態量は代表的なものだけでもかなりの種類があり，なかなかその理解は容易ではありません．しばしば試験を前にした学生諸氏の仇(かたき)ですが，ともあれ<u>状態量</u>という言葉は覚えておいた方がよいでしょう．

§3-2　実際に，二通りの考え方で問題を解いてみよう

そろそろ解説だけでは目が飽きてきたかも知れません．実際に出題された問題で考えてみましょう．

問題 34

次の熱化学方程式の反応熱 Q は何 kJ か．最も適当な数値を，下の ①〜⑥ のうちから一つ選べ．ただし，二酸化炭素の生成熱は 394 kJ/mol，四酸化三鉄 Fe_3O_4 の生成熱は 1121 kJ/mol とする．

$$Fe_3O_4(固) + 2C(黒鉛) = 3Fe(固) + 2CO_2(気) + Q〔kJ〕$$

① −1515　② −727　③ −333　④ 333　⑤ 727　⑥ 1515

〔26年度追試験第2問問2〕

🔍解説　問題文中に与えられた生成熱の数値の情報から，典型的な酸化還元反応である下式，

$$Fe_3O_4(固) + 2C(黒鉛) = 3Fe(固) + 2CO_2(気) + Q(kJ)$$

の Q にあてはまる数を当てよ，という問題です．（この反応では，四酸化三鉄が還元されて単体の鉄になり，逆に単体の炭素が完全酸化されて二酸化炭素になっています．大ざっぱにいえば，これは製鉄所の熔鉱炉で起きている反応そのものです．）これをまず高校で学んだ熱化学方程式の解き方で解いてみましょう．

二酸化炭素の生成熱が 394 kJ/mol であるという記述を式にすると，

$$C(黒鉛) + O_2(気) = CO_2(気) + 394 kJ$$

となります．出発状態の単体は左辺にくることを覚えておいてください．また，生成反応の熱化学方程式の場合，必ず右辺に現れる「当該の生成する物質」（ここでは CO_2）の量論係数が 1 になるようにしてください．（むろんこれは「生成物 1 mol あたりの」という意味を含んでいます．）まったく同じように四酸化三

鉄の生成熱が右辺に現れる熱化学方程式は，

$$3\text{Fe}(固) + 2\text{O}_2(気) = \text{Fe}_3\text{O}_4(固) + 1121 \text{ kJ}$$

となります．生成反応の二式を問題の式へ代入して単体の表記だけが残るようにすると，下記のようになります．

$$3\text{Fe}(固) + 2\text{O}_2(気) - 1121 \text{ kJ} + 2\text{C}(黒鉛)$$
$$= 3\text{Fe}(固) + 2\text{C}(黒鉛) + 2\text{O}_2(気) - 2 \times 394 \text{ kJ} + Q(\text{kJ})$$

すると，単体の表記の部分は右辺と左辺で同じになりますから，$Q(\text{kJ}) = -1121 \text{ kJ} + 2 \times 394 \text{ kJ} = -333 \text{ kJ}$ となり，正答は③となります．

では次に，熱を指標としてみる，という考え方にもとづいてみましょう．

$$\text{Fe}_3\text{O}_4(固) + 2\text{C}(黒鉛) = 3\text{Fe}(固) + 2\text{CO}_2(気) + Q(\text{kJ})$$

のうち，C(黒鉛)とFe(固)は単体ですから，これらはともに「ゼロ点」とみなされます．Fe_3O_4(固)は，鉄と酸素の単体（ゼロ点）から出発して1 mol 生成すると熱が1121 kJ出ますから，ゼロ点から1121 kJだけ熱を失っていることになります．すなわち，Fe_3O_4(固)は指標としては1 molあたり-1121 kJということになります．CO_2(気)についても，炭素と酸素の単体から出発して1 molあたり394 kJだけ熱を失っているので-394 kJです．こうして，Fe_3O_4(固)，C(黒鉛)，Fe(固)，CO_2(気)へ-1121 kJ，0 kJ，0 kJ，-394 kJをそれぞれ代入すると，次のようになります．

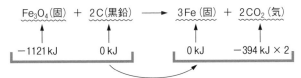

-1121 kJから-788 kJへ"持ち熱"のレベルがあがっている．これは333 kJだけ吸熱することに対応している．

$$-1121 \text{ kJ} + 0 \text{ kJ} = 0 \text{ kJ} + 2(-394 \text{ kJ}) + Q(\text{kJ})$$

この式から，$Q(\text{kJ}) = -333 \text{ kJ}$ はあっというまに求められます．

次の問題では生成熱と燃焼熱という両方の用語がでてきます．

生成熱：単体からある物質 1 mol が生成するときに発生する熱量．

燃焼熱：ある化学物質 1 mol が完全燃焼して H_2O(液体)とCO_2(気体)に変化

第3章 大学で学ぶ"化学熱力学"の準備としての"熱化学方程式"

したときに発生する熱量.

> **問題 35** 次の熱化学方程式の Q を求めることができる反応熱の組合せを，下の ①〜④ のうちから一つ選べ．
>
> $$C_2H_4（気）+ H_2O（液）= C_2H_5OH（液）+ Q$$
>
> ① C_2H_4（気）の燃焼熱，C_2H_5OH（液）の燃焼熱
> ② C_2H_4（気）の燃焼熱，C_2H_5OH（液）の生成熱
> ③ C_2H_4（気）の生成熱，C_2H_5OH（液）の燃焼熱
> ④ C_2H_4（気）の生成熱，C_2H_5OH（液）の生成熱
>
> 〔25年度本試験第2問問2〕

🔍解説 この反応は工業的にエタノール（C_2H_5OH）を合成するときに用いられる反応です．二重結合を持つエチレン（C_2H_4）にはなにがしかの化学種が付加できます．実際，水（H_2O）が付加すればエタノールになります．もしもエチレン，水，エタノールという，この反応式に現れるすべての化学種の生成熱が与えられているのならば，すぐに Q は求められます．ところが選択肢を見ると，エチレンとエタノールに対してだけ，燃焼熱もしくは生成熱が与えられており，水の生成熱がありません．こうなると，水を水素と酸素へ分けないような表式の仕方を考えるしかありません．エチレン，エタノールを燃焼させたとき発生する化学種は二酸化炭素（CO_2）と水のみです．ですから，燃焼反応の熱化学方程式をたてると，エチレン，もしくはエタノールと二酸化炭素および水の間の「差」が問題にされることになります．論より証拠，鉛筆を持って自分で書いてみてください．

$$C_2H_4（気）+ H_2O（水）= C_2H_5OH（液）+ Q$$

これに，エチレンとエタノールの燃焼熱の表式を代入します．エチレンとエタノールの燃焼熱を，それぞれ Q_1，Q_2 とします．

$$C_2H_4（気）+ 3O_2（気）= 2CO_2（気）+ 2H_2O（水）+ Q_1$$
$$C_2H_5OH（液）+ 3O_2（気）= 2CO_2（気）+ 3H_2O（水）+ Q_2$$

なお，燃焼熱の場合，必ず左辺の「完全燃焼する物質」（ここでは C_2H_4，C_2H_5OH）の量論係数が1（つまり，1 mol）になるようにします．上二式をそれ

それぞれ C_2H_4（気），C_2H_5OH（液）についてイコールの形にし，最初の式へ代入すると，下記のようになります．

$$2CO_2（気）+ 2H_2O（水）+ Q_1 - 3O_2（気）+ H_2O（水）$$
$$= 2CO_2（気）+ 3H_2O（水）+ Q_2 - 3O_2（気）+ Q$$

こうして，式中には燃焼の結果生成する二酸化炭素と水だけが残りました．両辺の量論係数が二酸化炭素，水の双方に対して相等しく，これらは消去できますね．残るのは，

$$Q = Q_1 - Q_2$$

です．ということは，エチレンとエタノールの燃焼熱だけを与えておけば，エチレンへ水を付加させてエタノールを生成するときの熱の発生は求まることになります．正答は ① です．

じつは，さきの「指標」の考えかたでも上の $Q = Q_1 - Q_2$ の関係は容易に理解できます．エチレンが完全酸化されて水と二酸化炭素へと変化するときに Q_1 だけ熱が放出されるとします．そして，この変化の途中で，エタノールを経由するとし，さらにエタノールが完全燃焼されて水と二酸化炭素へと変化するときに Q_2 だけ熱が放出されるとします．このことを図示すると，以下のよ

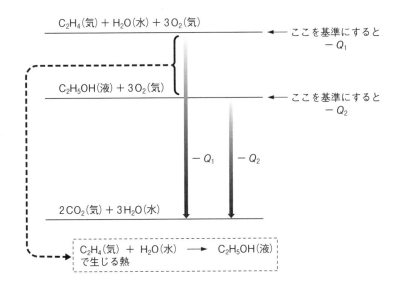

第3章　大学で学ぶ"化学熱力学"の準備としての"熱化学方程式"

うになります．これを見ると，エチレンからエタノールまで変化するときには，Q_1 から Q_2 を引いた分だけ熱が放出されるはずです．

　ここでは，エチレンの燃焼において，エタノールがあたかも「階段を降りるときの踊り場」のようにとらえられています．（ただしこれは完全に仮想的な話であって，酸素中でエチレンに火を付けても，エタノールを経由して二酸化炭素と水になるというわけではありません．）ともあれ，この考え方は高校の化学で出てくる「ヘスの法則」です．

> **問題 36**　表に示した黒鉛（グラファイト），水素，1-プロパノール（C_3H_8O）の燃焼熱を用いて 1-プロパノールの生成熱を計算すると，何 kJ/mol になるか．最も適当な数値を，下の ①～⑥ のうちから一つ選べ．
>
> | 物質 | 燃焼熱〔kJ/mol〕 |
> |---|---|
> | 黒鉛 | 394 |
> | 水素 | 286 |
> | 1-プロパノール | 2020 |
>
> ① −612　② −306　③ −102　④ 102　⑤ 306　⑥ 612
>
> 〔25 年度追試験第 2 問問 2〕

解説　前出の問題 35 をていねいにやってみた人であれば，これが同じにおいのする問題であることはすぐに気が付くと思います．ただしここでは生成熱が問われています．ということは，あくまでも<u>単体を起点にしなくてはなりません</u>．求めるべき生成熱の式は，Q (kJ/mol) を C_3H_8O（液）の生成熱とすると，

$$3C(黒鉛) + 4H_2(気) + \frac{1}{2}O_2(気) = C_3H_8O(液) + Q (kJ) \quad (※)$$

となります．つまり，最終的に C_3H_8O（液）と単体群（C（黒鉛），H_2（気），O_2（気））だけが式に残るようにすればよいのです．

$$C(黒鉛) + O_2(気) = CO_2(気) + 394 \text{ kJ}$$

$$H_2(気) + \frac{1}{2}O_2(気) = H_2O(水) + 286 \text{ kJ}$$

$$C_3H_8O\,(液) + \frac{9}{2}O_2\,(気) = 3\,CO_2\,(気) + 4\,H_2O\,(水) + 2020\,\mathrm{kJ}$$

ここで先の二式を三式目へ代入して $CO_2\,(気)$ と $H_2O\,(水)$ を消去すると

$$C_3H_8O\,(液) + \frac{9}{2}O_2\,(液) = 3 \times \{C\,(黒鉛) + O_2\,(気) - 394\,\mathrm{kJ}\}$$
$$+ 4 \times \{H_2\,(気) + \frac{1}{2}O_2\,(気) - 286\,\mathrm{kJ}\} + 2020\,\mathrm{kJ}$$

となります.次に,式(※)にこの式を代入して $C_3H_8O\,(液)$ を消去すると,$Q\,(\mathrm{kJ/mol})$ は $306\,\mathrm{kJ/mol}$ と求められます.正答は ⑤ です.

しかし,もしも下記のように考えるならば,答えは簡単に求められますし,見通しも格段によくなります.下の図を見ながら考えてください.

まず,$CO_2\,(気)$ は単体に対して $1\,\mathrm{mol}$ あたり $-394\,\mathrm{kJ}$ の位置にあります.同じく,$H_2O\,(水)$ は $-286\,\mathrm{kJ}$ です.$C_3H_8O\,(液)$ を $1\,\mathrm{mol}$ とってくると,ここ

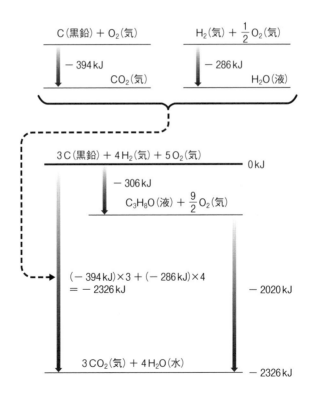

から 3 mol の CO_2（気）と 4 mol の H_2O（水）ができます．もしも単体（3C（黒鉛）＋ 4H_2（気）＋ 5O_2（気））から 3 mol の CO_2（気）と 4 mol の H_2O（水）ができるとすると，そのときの指標の落ち幅は，$3 \times 394\,\mathrm{kJ} + 4 \times 286\,\mathrm{kJ} = 2326\,\mathrm{kJ}$ となります．つまり，$3CO_2$（気）＋ $4H_2O$（水）の指標は $-2326\,\mathrm{kJ}$ です．C_3H_8O（液）の燃焼熱が $2020\,\mathrm{kJ}$ であるということは，1 mol の C_3H_8O（液）から 3 mol の CO_2（気）と 4 mol の H_2O（水）までの落ち幅が $2020\,\mathrm{kJ}$ であるということです．したがって，C_3H_8O（液）の熱指標の位置は $-2326\,\mathrm{kJ} + 2020\,\mathrm{kJ} = -306\,\mathrm{kJ}$ になります．よって，3 種類の単体（3 mol の C（黒鉛），4 mol の H_2（気），5 mol の O_2（気））はゼロ点なので，1 mol の C_3H_8O（液）まで落ちるのに放出される熱量は $306\,\mathrm{kJ}$ になります．熱化学方程式を連立方程式と見立てて解くよりはだいぶわかりやすいでしょう．

次も似た問題なのですが，重要なのでもう一度繰り返しましょう．

問題 37 酸化鉄（Ⅲ）と一酸化炭素を反応させて鉄を得る反応の熱化学方程式は，次のように表される．

$$Fe_2O_3\text{（固）} + 3CO\text{（気）} = 2Fe\text{（固）} + 3CO_2\text{（気）} + Q\,[\mathrm{kJ}]$$

この熱化学方程式の反応熱 Q は何 kJ か．最も適当な数値を，下の ①〜⑥ のうちから一つ選べ．ただし，Fe_2O_3（固），CO（気），CO_2（気）の生成熱は，表に示す値とする．

物質（状態）	生成熱〔kJ/mol〕
Fe_2O_3（固）	824
CO（気）	111
CO_2（気）	394

① −541　② −247　③ −25　④ 25　⑤ 247　⑥ 541

〔24 年度本試験第 2 問問 1〕

解説 これは赤鉄鉱を一酸化炭素で還元して金属単体としての鉄を取り出す反応です．繰り返していうように，とにかく基本は，単体がゼロ点であるということです．まず，Fe_2O_3（固），CO（気），CO_2（気）のそれぞれに対して生成反応の熱化学方程式を書いてください．

$$2\text{Fe}(\text{固}) + \frac{3}{2}\text{O}_2(\text{気}) = \text{Fe}_2\text{O}_3(\text{固}) + 824\,\text{kJ}$$

$$\text{C}(\text{固}) + \frac{1}{2}\text{O}_2(\text{気}) = \text{CO}(\text{気}) + 111\,\text{kJ}$$

$$\text{C}(\text{固}) + \text{O}_2(\text{気}) = \text{CO}_2(\text{気}) + 394\,\text{kJ}$$

上3式をそれぞれ問題の式の Fe_2O_3(固), CO(気), CO_2(気) へ代入するといっぺんで $Q\,(\text{kJ}) = 25\,\text{kJ}$ と求まります.答えは ④ です.ためしにこれを図式化してみてください.下に示すようになりましたか？

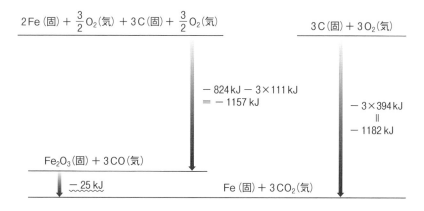

ここで,問題34で用いた解法を再び用いてみましょう.「指標」の便利さが実感できると思います.

上式を解くとすぐに, $Q\,(\text{kJ}) = 25\,\text{kJ}$ が求まります.

§3-3 熱に関係するいろいろな問題を解いてみよう

ここで少し用語の意味の整理をしておきましょう.

第3章 大学で学ぶ"化学熱力学"の準備としての"熱化学方程式"

問題 38

化学反応や状態変化に伴う熱の出入りに関する記述として**誤っている**ものを，次の①～⑤のうちから一つ選べ．
① 燃焼熱は，物質 1 mol が完全燃焼するときの反応熱である．
② 生成熱は，物質 1 mol がその成分元素の単体から生成するときの反応熱である．
③ 中和熱は，H^+ と OH^- が反応して水 1 mol が生じるときの反応熱である．
④ 蒸発熱は，物質が蒸発するときに発生する熱量である．
⑤ 融解熱は，物質が融解するときに吸収する熱量である．

〔25 年度追試験第 2 問問 1〕

⊕解説 まず，化学反応で放出（吸収）される熱を反応熱と呼びます．これは，化学反応の種類によって，燃焼熱や生成熱などとそれぞれ特化して呼ばれます．①は正しい記述です．たとえば炭素が燃焼すると二酸化炭素になります．この燃焼で放出される熱をとくに燃焼熱，と呼んでいます．

②も正しい記述です．非常に重要なので繰り返しますが，スタート地点が単体であることを忘れないでください．生成熱が正であれば，生成するときの反応で熱が放出されますから，反応の結果できた物質の「指標」は 0 より下がり，負になりますね．炭素を燃やすと大量の熱が発生して二酸化炭素になりますから，二酸化炭素はゼロ点の単体に対して「負の熱」を持っている，といえます．水素が燃焼して水になるのも同じで，水は「負の熱」を持っているわけです．

③は正しい記述です．水素イオン H^+，水酸化物イオン OH^- ともに一価ですから，それぞれ 1 mol が反応して水になれば，それが 1 mol 分の中和反応です．その中和反応が起きるときに放出される熱量が中和熱です．

④は誤りです．どのような物質でも，蒸発するときには熱が吸収されます．この吸収される熱の量を蒸発熱というのであって，これは発生する熱ではありません．たとえば，

$$H_2O（水蒸気） = H_2O（水） + Q_{evap}（kJ）$$

と表記すれば，$+Q_{evap}$ が蒸発熱です．Q_{evap}（kJ）自体が負になることはありません．つまり，物質が蒸発（気化）する際には，必ず熱が要ります．（逆に，気

体を凝縮させるときには，熱を奪う，すなわち冷やす必要があります．）

⑤は正しい記述です．融解するときに熱を放出する物質はありません．融解するには必ず熱が供給される必要があります．

$$H_2O（水）= H_2O（氷）+ Q_{fusion}（kJ）$$

と書けば，$+Q_{fusion}$ が融解熱です．冷凍庫から氷を出して放っておけば，周囲から熱を奪いとって融けます．このとき，もしも周囲の温度が $-10℃$ だったりすれば，融解を起こすのに充分な熱が周囲から氷へ移ってこず，氷は融けません．（少しややこしいのでここに詳細は書きませんが，大気圧下で H_2O が安定に液体の状態にとどまるためには，$0℃$ よりも高い温度が必要です．ここでいう"移る熱が不充分"というのは，氷の温度を $0℃$ 超まで上げるのに必要な熱の量には足らない，という意味です．そこにある氷の温度も $-10℃$ です．）対照的に，もしも周囲の温度が $80℃$ であればあっというまに融解熱を上まわる量の熱が氷へと移動してきて，氷の融解が起こります．

基本的な用語の確認までに，次のとても基本的なクイズに答えてみてください．

問題 39 次の熱化学方程式中の反応熱 Q〔kJ〕の数値が，右辺の化合物の生成熱〔kJ/mol〕の数値に等しいものを，①〜⑤のうちから一つ選べ．

① $Ca（固）+ 1/2 O_2（気）= CaO（固）+ Q$〔kJ〕
② $CO（気）+ 2H_2（気）= CH_3OH（液）+ Q$〔kJ〕
③ $C（黒鉛）+ CH_4（気）= C_2H_4（気）+ Q$〔kJ〕
④ $C（黒鉛）+ 1/2 H_2（気）= 1/2 C_2H_2（気）+ Q$〔kJ〕
⑤ $H_2（気）+ Cl_2（気）= 2HCl（気）+ Q$〔kJ〕

〔24年度追試験第2問問1〕

解説 まず正解からいってしまいましょう．左辺が単体のみからなり，なおかつ右辺の生成物の係数が「1」であるという要件から，即座に①が正しいことがわかります．②は起点に一酸化炭素 CO（気）という化合物が入っており，誤りです．（ちなみに，一酸化炭素に水素を付加してメタノールを作るという工程はメタノールを最も安価に製造する方法で，圧倒的主流になっていま

第3章 大学で学ぶ"化学熱力学"の準備としての"熱化学方程式"

す.)③も同じく，起点にメタンが入っていますので，誤りです．

④は単体からアセチレンが生成する反応なので惜しいところですが，右辺の生成物アセチレンの量論係数が1/2です．係数が左から順に2, 1, 1であれば正しかったのです．⑤は④の逆で，係数が1/2, 1/2, 1であれば正しいのです．生成熱といえば，「単体から」「生成物1 molあたり」と頭にたたきこんでおきましょう．

問題 40

0.010 mol/Lの水酸化カルシウム水溶液100 mLを，0.20 mol/Lの塩酸を用いて中和した．このとき発生する熱量は何kJか．最も適当な数値を，次の①〜⑥のうちから一つ選べ．ただし，中和熱は56.5 kJ/molとし，中和熱以外の熱の発生はないものとする．

① 0.011 ② 0.057 ③ 0.11 ④ 0.57 ⑤ 1.1 ⑥ 5.7

〔25年度本試験第2問問5〕

解説 ここでの酸・塩基中和反応はおそらく最も簡単なもので，下記のような反応です．この問題では何モルの中和反応が起こったのでしょうか？

$$\frac{1}{2}Ca(OH)_2 + HCl = \frac{1}{2}CaCl_2 + H_2O + 56.5 \text{ kJ}$$

$Ca(OH)_2$は$0.010\,(\text{mol/L}) \times (100/1000)\,(\text{L}) = 0.0010\,(\text{mol})$だけありました．ここへHClを滴下します．カルシウムは2族元素で，必ず二価の陽イオンになりますから，塩酸側は0.0010 molの2倍だけ入れれば中和は完成します．このとき，中和のために加える塩酸の濃度は発生する熱量にはまったく関係ないことに注意してください．反応式より，生成する水の物質量は0.0020 molなので，発熱量は，$56.5\,(\text{kJ/mol}) \times 0.0020\,(\text{mol}) ≒ 0.11\,(\text{kJ})$となります．答えは③ですね．

問題 41

発泡ポリスチレン製の断熱容器を用いて，25.00 ℃の純水994.0 gに同温度の硝酸カリウム6.0 gを完全に溶解させたところ，水溶液の温度は24.50 ℃となった．硝酸カリウムの溶解熱は何kJ/molか．最も適当な数値を，次の①〜⑥のうちから一つ選べ．ただし，この硝酸カリウム水溶液1.0 gの温

度を 1.0 ℃ 変化させるために必要な熱量を 4.2 J とする。
① −71　② −35　③ −30　④ 30　⑤ 35　⑥ 71

〔25 年度追試験第 2 問問 3〕

解説 この問題には複数の重要事項が重なって出てきています．まず，この溶解によりどれだけの熱が発生したでしょうか？

　　　　6.0 g の硝酸カリウム（乾燥粉体）＋ 水
　　　　　 ＝ 6.0 g の硝酸カリウムが溶解した水溶液 ＋ Q (kJ)

の Q は正でしょうか？ それとも負でしょうか？　溶解後温度が 0.50 ℃ だけ低下していますから，この溶解自体は「吸熱過程」です．よって Q は負です．

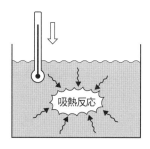

溶液のなかで反応が起こる．
その反応が熱を吸収する反応であるとき，溶液の温度は低下する．

　この水溶液は 1000 g あります．この水溶液 1 g の温度を 1 K（ケルヴィン）だけ変化させるのには 4.2 J 必要なので，溶液質量 1000 g，温度変化幅 0.5 K ならば，4.2 ($J\,g^{-1}\,K^{-1}$) × 1000 (g) × 0.50 (K) ＝ 2100 (J) だけの吸熱が起きたことになります．（K は絶対温度の最も一般的な単位で，その値は摂氏温度の数値に 273 を加えたものです．よって 0 ℃ は 273 K です．また，上記のような温度の変化幅を表すときも，℃ではなく K を使用するのが慣例です．）

　いま溶解した硝酸カリウム（KNO_3：式量 101）は 6.0 g で，このモル数は (6.0/101) mol です．よって 1 mol あたりの吸収熱は，2100 (J) / (6.0/101) (mol) ≒ 35000 (J/mol) となり，答えはこの値に負号を付けた ② になります．

　この問題はとても単純ですが，二つのことを覚えておいてください．一つは，<u>吸熱現象の場合は負号（−）が付く</u>ということです．もう一つは，水，もしくは水に近いもの（水溶液など）の温度変化に必要な熱量です．これは一般的に比熱と呼ばれ，「単位質量・単位温度変化あたり」，もしくは，「1 mol・単位温

63

度変化あたり」の熱量として表されます．前者としては J/(g K)（または J/(kg K)），後者としては，J/(mol K) が一般的です．また，本問での 4.2 J という値は 1 cal に相当します．カロリーについてもチェックしておいてください．

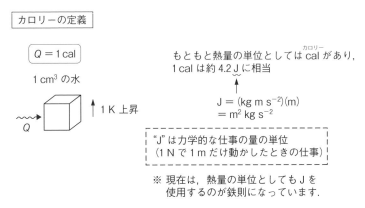

最後に，「混合気体の燃焼熱」というちょっとした応用問題をやってみましょう．燃料ガスの発熱量などの実用的な計算には，このような計算が不可欠です．

> **問題 42** エタンとプロパンの混合気体 1 mol を完全に燃焼させたところ，2000 kJ の発熱があった．この混合気体のエタンとプロパンの物質量の比（エタンの物質量：プロパンの物質量）として最も適当なものを，次の ①〜⑤ のうちから一つ選べ．ただし，エタンとプロパンの燃焼熱をそれぞれ 1560 kJ/mol および 2220 kJ/mol とする．
> ① 1：3 ② 1：2 ③ 1：1 ④ 2：1 ⑤ 3：1
> 〔26 年度本試験第 2 問問 2〕

⊕ 解説 この問題は，比の計算に慣れた人ならば，$(2000-1560):(2220-2000) = 2:1$ であることから，エタンとプロパンの物質量の比が 1：2 であることはすぐにわかるでしょう．

しかし，ここでは表式方法の基本を身に付けてほしいという主旨上，以下のような正攻法で題意を方程式化することにトライしてください．

まず，エタンのモル数を α (mol) とします．このとき，他成分，すなわち他一つであるプロパンのモル数は必然的に $(1-\alpha)$ (mol) となります．

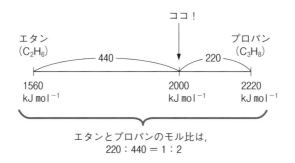

　互いに異なる成分はまったく相互に独立に燃焼反応を起こし，干渉し合わないと考えると，以下の等式が成り立ちます．

　　$1560\,(\text{kJ/mol}) \times \alpha\,(\text{mol}) + 2220\,(\text{kJ/mol}) \times (1-\alpha)\,(\text{mol}) = 2000\,\text{kJ}$

これを解くと $\alpha = 1/3$ となり，求めるエタン：プロパン比は，$\alpha : (1-\alpha) = 1 : 2$ となります．

第3章のまとめ

　「熱」は，「触ると熱い（⇔冷たい）！」という体感的なイメージもあり，生成熱，燃焼熱，融解熱のやりとり，出入りを計算することはじつはそれほど難解には感じられないと思います．皆さんが今後学ぶ可能性がある（化学）熱力学は，エンジンなどの動力計算や電池の起電力などを計算するときに必ず出てきます．また，熱エネルギー利用効率といった，コストに直接関わる重要な数字の算定にも使われます．出入りする量は「熱」だけでなく，ほかにもさまざまな指標（状態量）があります．ここでは紙面の都合もありとうてい説明できませんが，計算の「型」は本章でみた熱の場合と完全に共通しています．この章でやったことは，少しだけ形を変えて再び出逢うと思っておいていただければ幸いです．

第4章 酸・塩基・中和
―最低限頭に入れておきたいこと―

この章の学習ポイント

① 酸と塩基の定義を確認する．とくにブレンステッドの定義は確実に理解し，記憶すること．▶ 問題 43

② 酸と塩基の反応（中和反応）の化学量論計算の基本形に慣れること．
▶ 問題 44-47

③ 酸・塩基の概念的拡張であるルイスの酸・塩基の定義を理解すること．
▶ §4-3

④ オキソ酸の代表的な例とその基本的な成り立ちを理解すること．
▶ 問題 48

　酸，塩基を初めて学習するときは，それぞれ，水素イオン（H^+），水酸化物イオン（OH^-）を放出する性質がある化学物質のこと，と教わります．HClならばH^+とCl^-に分かれるから酸，NaOHならばNa^+とOH^-に分かれるから塩基，というあんばいです．この約束は，「アレニウスの酸と塩基の定義」と呼ばれ，日常感覚になじみやすいこともあって，最もわかりやすい酸と塩基の定義です．酸性，塩基性（アルカリ性）という言葉が広く出回っており，酸，塩基というのは物質の性質を表す言葉なのだ，という一種の固定観念が強いからかも知れません．

　酸と塩基の話がこのくらいで止まっていればよいのですが，困ったことに，高等学校や大学で化学を履修すると，矢継ぎ早にもう二段階くらいは話が抽象的になり，この時点でかなり多くの人がフォローをあきらめてしまいます．ところがじつはこの「抽象化」がとても肝腎で，避けて通るわけにはいきません．この部分は，基本的な問題を何度か繰り返し解くことにより，そのコンセプトを覚えこむしかありません．この章では，最も基本的な問題群を題材にして，今後の学習につなげるべく復習を試みましょう．

§4-1 「酸」と「塩基」の定義について

問題 43

酸と塩基に関する記述として**誤りを含むもの**を，次の①～⑤のうちから一つ選べ。

① 水に溶かすと電離して水酸化物イオン OH^- を生じる物質は，塩基である。
② 水素イオン H^+ を受け取る物質は，酸である。
③ 水は，酸としても塩基としてもはたらく。
④ 0.1 mol/L 酢酸水溶液中の酢酸の電離度は，同じ濃度の塩酸中の塩化水素の電離度より小さい。
⑤ pH 2 の塩酸を水で薄めると，そのpHは大きくなる。

〔24年度本試験第2問問3〕

解説 ①はほぼアレニウスの塩基の定義そのものです。"水に溶かすと"という条件が付くのが，アレニウスの定義の特徴ですね。じつは，水に溶かさなくても電離するものは例外的にはあるのですが，常識的には水への溶解の結果として電離（イオン化）が起こると考えてください。（これは水和の効果です。）たとえば，NaOH, KOH, $Ca(OH)_2$ などは，その組成式中にもろに"OH"が入っていますから，いかにも塩基ですね。また，陰イオンである OH^- が放出されれば，そのペアの片われは必ず陽イオンになります。上記の場合は金属の陽イオンで，アルカリ金属（Li, Na, K），2族金属（Ca, Mg, Ba）などは代表的です。（これらの金属は，あまりにも簡単にイオンになってしまうので，むしろ私たちは，これらの金属の単体を実際には見たことがないくらいです。）周期表でいちばん左の列（1族）にあるアルカリ金属は一価，二番目の列（2族）にある金属は二価の陽イオンになります。

それらよりもいくぶんイオンになりづらい（→イオン化傾向が小さい）他の金属の場合，水酸化物でも水にはほとんど溶けないケースもあります。水酸化アルミニウム（$Al(OH)_3$）などがその例です。アルミニウムや亜鉛などは酸とも塩基とも反応するので両性金属と呼ばれます。（ただ，塩基との反応はいささか複雑です。）やはり，両性金属の性質はKやCaなどの非常に定型的なイ

第4章 酸・塩基・中和

オン化しやすい金属の性質とはだいぶ異なり，少し理解しづらいところがありますので，別途，第7章でまとめて説明します．

②はブレンステッドの酸と塩基の定義の間違いバージョンです．ですからこの問題の正答は②です．この記述とはまったく逆に，水素イオンを受け取るのは塩基で，提供するのが酸というのが正しいのです．

次の③は，②の記述内容と関連しています．そのことが最もよくわかるのは，アンモニアのイオン化の例です．これがのみこめていない人は，必ず鉛筆を手にして紙に書いて納得してみてください．アンモニアの分子式はNH_3なのに，どうしてこれがOH^-を出して塩基性と呼ばれるのかわからない，という人は多いと思います．

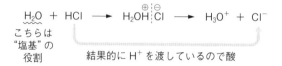

この場合は，アンモニアがH^+を受け取るので塩基，水がH^+を提供するので酸，ということになります．では次に，塩化水素HClが水に溶けた状況を考えてください．

$$H_2O + HCl \longrightarrow H_2OH^{\oplus}Cl^{\ominus} \longrightarrow H_3O^+ + Cl^-$$

こちらは"塩基"の役割

結果的にH^+を渡しているので酸

この場合はH_2OがH^+を受け取りますから塩基の役をしています．（逆に，HClは酸です．）よって，③の記述は正しいのです．ブレンステッドの定義は，アレニウスと比べると抽象的でわかりづらいのですが，次のように見方を変えると見通しが良くなります．それは，ブレンステッドでの酸とか塩基というのは，何か絶対的にその物質にそなわった性質，ということではなく，二種類の物質が「対」になったときに，その相対的な関係により初めて決まる「役まわり」のようなものだということです．例えばさきほどの水を例にとると，水はアンモニアに対しては酸の役を果たすのに，塩化水素に対しては塩基の役へまわるということです．もうお気づきかと思いますが，この考え方はアレニウス

の酸・塩基でも共通しています.つまり,アレニウスの定義では,ある物質を水に溶かしたとき,水が酸側へまわるならばその物質は塩基,逆に水が塩基側へまわるならばその物質は酸,ということになります.よって,対をなす2物質の相対的関係で酸か塩基かを決めるブレンステッドの定義は,水だけが対の相手になっているアレニウスの定義の拡張版ととらえることができます.

じつは,ブレンステッドの定義からさらにもう一段進んでの一般化が可能です.そこではもはやイオンへの言及がありません.これをルイスの酸・塩基の定義と呼びます.こちらについては,§4-3(p.78)でふれますので,まずは「ルイス酸・ルイス塩基」という名前だけ覚えておいてください.

④ では,酢酸を含むカルボン酸は弱酸で,対照的に塩酸は硝酸,硫酸と並んで最も代表的な強酸である,ということを覚えているか否かがわかれ道です.どのような化学種が強酸で,対照的に,何が弱酸かというのは,率直なことをいうと,代表的なものについてはとにかく覚えておく,というのが最良だと思います.塩酸(HCl)・硝酸(HNO_3)・硫酸(H_2SO_4)はとにかくとても強い酸で,いわば酸の三横綱です.強酸といえば,とりあえずこの3種類を思い出しましょう.

うって変わって,弱い酸はけっこういろいろ出てくるので,逐一覚えるのはやっかいなのですが,現実的にはそうするしかありません.ここではまず,「代表的な有機酸であるカルボン酸の一種の酢酸は弱酸である.そして,カルボン酸はみな弱酸である」と覚えておいてください.ちなみにカルボン酸の化学式はR-COOHで,水素イオンを出すとなると,なるほどR-COO$^-$だな,というのは直観的にわかりますね.(ここでR-は,CH_3-,C_6H_5-などの,-COOHに結合している部分の化学式を代表した略記です.)-COOHをカルボキシ(またはカルボキシル)基といいます.カルボキシ基が水素イオンを比較的放出しやすい(←あくまで,比較的)ことは,「共鳴」という化学的安定性の説明をするときによく引き合いに出されます.ここではとりあえず,「共鳴」という用語だけ覚えておいてください.

⑤ については,まず基本として,「水素イオンH^+を含んだ水溶液に真水を足せば,当然H^+も薄まるので,pHの値は増大する」と理解しておけばよいと

第4章 酸・塩基・中和

思います．ただし，溶液を100倍に薄めたらH^+の濃度も1/100になる，というようには単純ではありませんので注意が必要です†．とりあえずここでは，pHの型通りの定義だけ覚えておいてください．水素イオンの濃度$[H^+]$（単位：mol/L）の常用対数（底が10の対数）に負号を付けたものです（pH = $-\log_{10}[H^+]$）．たとえば，$[H^+] = 1.0$ (mol/L) であれば，pHは，$-\log_{10}(1.0) = 0$ となります．当然，これよりも大きい水素イオン濃度ではpHは負の値をとります（10^2であれば，pH = -2）．高校ではpH値が1〜14になるものばかりを扱うため見慣れていないかもしれませんが，pHの定義上，負の値をとっても全く変ではありません．

§4-2 酸と塩基の中和の量論計算 —ここが最も肝腎—

工業的に酸もしくは塩基を扱う場合，「中和」が重要になることがままあります．たとえば，酸廃液をあらかじめ中和してから廃棄する，などです．このとき，中和へ至るまでにどれだけ塩基や酸を加えればよいかが予測できなくてはなりません（酸・塩基の化学量論問題）．酸と塩基にまつわる実際の問題としては，これが最も重要なことです．以下のような状況を考えて，慣れていきましょう．

問題 44

酸化マグネシウム（MgO）と二酸化ケイ素（SiO_2）は，フッ化水素酸を加えて水分がなくなるまで加熱すると，それぞれ次のように反応する．ただし，反応式中の上向き矢印（↑）は，気体発生を表す．

$$MgO + 2HF \rightarrow MgF_2 + H_2O\uparrow$$
$$SiO_2 + 4HF \rightarrow SiF_4\uparrow + 2H_2O\uparrow$$

MgOとSiO_2のみを含む鉱物1.40 gに十分な量のフッ化水素酸を加えて加熱したところ，乾燥後の質量が1.24 gになった．この鉱物1.40 gに含まれるMgOの物質量をx〔mol〕，SiO_2の物質量をy〔mol〕としたとき，x/yとして最も適当な数値を，次の①〜⑤のうちから一つ選べ．

---

† 余裕がある人はぜひ化学平衡と，酸解離定数の一定性を勉強してください．

① 0.67　② 1.0　③ 1.5　④ 2.0　⑤ 2.2

〔26年度追試験第3問問5〕

解説　この問題は，問題中ですでに化学反応式が与えられているので，結果的には純然たるモル計算の問題です．ただし，題材は中和反応ですから，まず，化学反応式を理解しましょう．

$$MgO + 2HF \rightarrow MgF_2 + H_2O \uparrow$$

一見，これが中和反応なのか？と疑問に感じられると思います．そこで，次のように考えてください．

まず，原則としては，金属の酸化物は塩基的なふるまいをするものだと覚えておいて差し支えはありません．酸化マグネシウム（MgO；通称マグネシア）もその一つです．マグネシアは融点が約2850℃とたいへん高いので，耐火材料・耐熱材料として広く利用されています．Mgは2族の金属で，二価の陽イオンになりますから，MgOも二価の塩基になります．これに対して，酸の役割を持つフッ化水素酸（HF）は明らかに一価の酸ですから，中和が起こるためには，マグネシアとフッ化水素酸のモル比は1：2でなくてはなりません．

つづいて，

$$SiO_2 + 4HF \rightarrow SiF_4 \uparrow + 2H_2O \uparrow$$

は有名な反応で，これは覚えておく価値があります．SiO_2は，正式名称は二酸化ケイ素ですが，ふつうはシリカと呼ばれます．皆さんも，ホームセンターのガーデニングのコーナーなどで，シリカサンド（珪砂）というのは聞いたことがあるかと思います．シリカは砂や土の主成分で，工業的に製造されるガラスもシリカが大部分を占めています．これが，ふつうは化学反応を起こさない非常に安定な物質であることはわかるでしょう．しかし例外があります．

上記の反応式は，フッ化水素酸を酸，シリカを塩基として中和反応が起こることを指しています†．つまり，ガラス容器へフッ化水素酸を注ぐと，ガラス

---

† シリカ（SiO_2）は一般的には酸性を示す酸化物と考えられます．たとえば，水酸化ナトリウム（NaOH）とシリカの中和反応は，$2NaOH + SiO_2 \rightarrow Na_2SiO_3 + H_2O$ で，SiO_2はNaOHに対して酸の役わりを果たしています．しかし，シリカとフッ化水素酸の反応ではHFが水素イオンを提供しており，SiO_2は塩基役へまわっているのです．

第4章　酸・塩基・中和

容器自体が塩基として反応し，SiF$_4$ へ変わってしまい，最後には蒸発までしてしまうのです．よく耳にする，フッ化水素酸にガラスが「溶ける」というのはこのことを指しています．Si–O という共有結合はシロキサン結合と呼ばれ，壊れにくい共有結合です．フッ化水素酸は，その強固なシロキサン結合さえ切るたいへん強い反応性を有しているわけです．また，ガラスを腐食させるという性質を利用して，フッ化水素酸はガラスの表面加工・細工などに用いられます．酸としては弱い酸へ分類されるのですが，腐食性は強く，皮膚への接触は重篤な症状を引き起こすので，絶対に避けなくてはなりません．実験室や現場での取り扱いは最大限の注意を要します．

さて，問題文の通りに式を立ててみましょう．フッ化水素酸の添加前の混合物の質量について，MgO と SiO$_2$ の式量はそれぞれ 40，60 なので，

$$40x \,(\mathrm{g}) + 60y \,(\mathrm{g}) = 1.40 \,(\mathrm{g})$$

が成り立ちます．そして，添加，乾燥後の質量については，MgF$_2$ の式量 62 ですから，

$$62x \,(\mathrm{g}) = 1.24 \,(\mathrm{g})$$

が成り立ちます．（フッ化後はフッ化ケイ素 SiF$_4$ が蒸発して消えてしまうので，y の項はなくなるのです．）ここから，$x/y = 2.0$，すなわち正答が ④ であることはすぐにわかるでしょう．繰り返すと，SiF$_4$ が蒸発するので，MgF$_2$ だけが固体として残ることに気づく必要があります．化学分析で「重量分析」という手法を使うことがあります．それはこの「揮発性のものは残っていないはずだ」という原則にもとづいています．ここではフッ化マグネシウムだけが残るので，Mg の物質量についての情報を得ることができるのです．

次に，滴定の問題を掘り下げて考えてみましょう．滴定の問題には基本的な知識をかなり複合的に動員する必要がありますので，酸・塩基についての重要なアイテムがまとめて勉強できます．

問題 45　図 1 は，ある酸の 0.10 mol/L 水溶液 20 mL を，ある塩基の 0.10 mol/L 水溶液で中和滴定したときの滴定曲線である．ただし，pH は pH メーター（pH 計）を用いて測定した．下の問い（a・b）に答えよ．

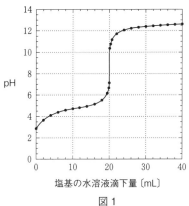

図1

a この酸と塩基の組合せとして最も適当なものを，次の①〜④のうちから一つ選べ。
① 酢酸と水酸化ナトリウム　② 酢酸とアンモニア水
③ 塩酸と水酸化ナトリウム　④ 塩酸とアンモニア水

b 指示薬を用いてこの滴定の中和点を決めたい。その指示薬に関する記述として最も適当なものを，次の①〜④のうちから一つ選べ。
① メチルオレンジを用いる。
② フェノールフタレインを用いる。
③ メチルオレンジとフェノールフタレインのどちらを用いても決められる。
④ メチルオレンジとフェノールフタレインのどちらを用いても決められない。

〔26年度本試験第2問問3〕

解説 滴定曲線を読み取るときのポイントを以下の図にまとめました．これを参考に問題にとりかかりましょう．

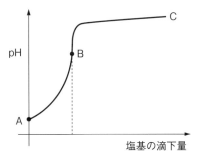

ポイント

A：モル濃度とpHの関係をチェック
B：中和点でのpHが7よりも大きいか小さいかをチェック
C：滴下を続けたときのpHの漸近値をチェック

第4章 酸・塩基・中和

まず問題 a を考えます．出発点の pH を見るとおよそ 3 です．この pH = 3 という値に対応する水素イオン濃度は $[H^+]$ (mol/L) $= 10^{-3}$ mol/L です．（← この計算は絶対にできるようにしてください．）ところが，問題文を読むと，出発点での酸の濃度は 0.10 mol/L で，10^{-3} mol/L よりも 2 桁も大きいのです．ということは，溶解した酸のうちほとんどは解離していないということになり，これは H^+ を放出する傾向が弱い酸だ，ということになります．選択肢を見ると，酸は 2 種類あげてあり，塩酸と酢酸です．いわずもがな，塩酸は最も典型的な強酸ですね．ですから，ここで該当する酸は弱酸である酢酸です．これで正答の候補は ① と ② の二選択肢へしぼられました．ちなみに，もしもこの酸が塩酸であるならば，起点での pH 値は 1 ですね．塩化水素は水に溶けたのち完全解離して塩酸になります．そのため，（極度に濃度が小さなときなどの特殊事例を抜きにすれば，）塩酸のモル濃度は，水素イオンのモル濃度とほぼ同じであると考えてよいのです．次に，中和点を見てください．ちょうど塩基を 20 mL 滴下したときに中和が完了しています．酢酸水溶液，滴下された塩基水溶液，ともに濃度は 0.10 mol/L です．さらに，酢酸水溶液 20 mL を完全に中和するのに同じく 20 mL の塩基水溶液を滴下していますから，この塩基の価数は酢酸のそれと同じで一価です．

酢酸側
0.10 (mol L^{-1}) $\times 1$ (価) $\times \dfrac{20}{1000}$ (L)

塩基側
状況から 1 価のはず．

ちなみに，酢酸（CH_3-COOH）は有機化学のはじめのうちに出てくる最も基本的な化合物の一つで，エタノール（CH_3-CH_2-OH）を酸化して得られるカルボン酸です．ワインを放っておくとワイン酢（ワインビネガー）になる，という反応ですね．ところで，エタン酸，というのが命名法のルールに従って付けられた酢酸の正式な名称なのですが，これがまったく普及していないのは少し皮肉なことです．この事情は英語名でも同様です．acetic acid という慣用名に代わって ethanoic acid という系統的正式名称（IUPAC 名）が使われることは，まったくといってよいほどありません．

さて，① と ② に出てくる酢酸のペアの塩基はそれぞれ水酸化ナトリウムと

アンモニア水です．これらは両方とも一価の塩基ですが，強さがまったく異なります．いわば，水酸化ナトリウムは強塩基の代表で，対照的に，アンモニア水は弱塩基の代表です．まず中和点を見ると，7よりも上です．ということは，酢酸と「勝負して勝てる」強い塩基らしいと考えられます．①がかなりあやしいですね．さらに，中和点を過ぎたところのpHを見ると，どんどん13に接近しています．0.10 mol/Lの水酸化ナトリウム水溶液のpHはほぼ13ですね．これで確定です．①で間違いありません．

いま，0.10 mol/Lの水酸化ナトリウム水溶液のpHが13だといったことについて説明します．大学入学の学齢以降，化学の先生があまり使いたがらない言葉の一つに，「水のイオン積」（$[H^+][OH^-] = 10^{-14}$ (mol/L)^2（室温））があります．しかし，実際上の問題としては，水のイオン積一定の式を覚えておけば充分ですし，実用的知識としては大いに役に立ちます．（前にも書きましたが，受験勉強は役に立たないというのは間違いです．）水酸化ナトリウムは強塩基であるだけにとても素直で，溶けた分そのまま$[OH^-]$ができると考えて大丈夫です．ですから，モル濃度が0.10 mol/Lであれば$[OH^-]$も0.10 mol/Lです．このとき，水のイオン積一定の式から，$[H^+]$(mol/L) = 10^{-14} (mol/L)^2/0.10 (mol/L) = 10^{-13} (mol/L)となりますから，pHは13です．この問題aは，いろいろなことをいっぺんに考えて記憶と照合しないと解けません．大学生・高専生にも（一度やったことだといわずに）復習してもらいたい種類の例題です．

次に問題bへいきましょう．これは知識問題といってよいと思います．答えは②のフェノールフタレインです．この問題に関して覚えておいてほしいことは，以下のようなごく具体的なことです．まず，i) 互いに中和し合う酸と塩基の組み合わせにより，中和点が塩基性側になったり，酸性側になったりします．それに応じて，指示薬を変える必要があります．そして，ii) 中和点が塩基性のときにはフェノールフタレイン，酸性のときにはメチルオレンジを使用します．これは記憶のためのゴロ合わせにすぎませんが，"オレンジ3（酸）個"と覚えてください．酸性側はメチルオレンジを使いなさい，ということです．

第4章 酸・塩基・中和

酸側の指示薬は
メチルオレンジ ゴロあわせ
「オレンジ3個」

   …オレンジは酸っぱい味
ですし…

もう一題，繰り返してやってみましょう．

問題 46 1価の塩基 A の 0.10 mol/L 水溶液 10 mL に，酸 B の 0.20 mol/L 水溶液を滴下し，pH メーター（pH計）を用いて pH の変化を測定した．B の水溶液の滴下量と，測定された pH の関係を図1に示す．この実験に関する記述として**誤りを含むもの**を，下の①〜④のうちから一つ選べ．

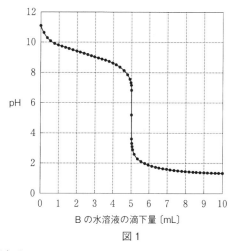

図1

① A は弱塩基である．
② B は強酸である．
③ 中和点までに加えられた B の物質量は，1.0×10^{-3} mol である．
④ B は2価の酸である．

〔24年度本試験第2問問4〕

⊕解説 ① は正しい記述です．もしもこれが水酸化ナトリウムのような強い一価の塩基であれば，0.10 mol/L で pH 値は 13 になるはずです．ところが 11 程度，ということは，溶解した溶質のうちせいぜい 1/100 程度だけが電離しているということです．では滴下された酸 B はどうでしょうか？ まず中和点

を見てください．中和点のpH値は約5で，酸性側です．ということは，これは弱塩基と強酸の組み合わせのようです．したがって，②も正しいということになります．

③はあまりにも簡単ですね．酸Bの濃度が0.20 mol/Lで，これを5 mL滴下していますから，滴下された酸Bの物質量は，$0.20\,(\mathrm{mol/L}) \times (5/1000)\,(\mathrm{L}) = 1.0 \times 10^{-3}\,(\mathrm{mol})$ です．

④は誤記述ですから，これが答えです．③は④の布石になっていますね．塩基Aの物質量は $0.10\,(\mathrm{mol/L}) \times (10/1000)\,(\mathrm{L}) = 1.0 \times 10^{-3}\,(\mathrm{mol})$ であるのに対して，酸Bをやはり $1.0 \times 10^{-3}\,(\mathrm{mol})$ 滴下したところで中和が完了していますから，これは，一価の塩基Aを一価の酸Bで中和した，ということです．ということは，④は間違っています．

最近は，実業の現場では滴定もかなり自動化されつつあって，実物の滴定曲線をまじまじと見る，という経験自体が減っています．そのことを理由に，このような滴定の問題は時代遅れだという意見もあるのですが，逆に，1本の滴定曲線を読み込んで，複数の情報を引き出し，量論計算（← 濃度や価数）まで行う訓練はしておいた方がよいのです．センター試験の中和の問題は，最も単純なケースながら，上述のような複数の基本的な観察ポイントの的確な読み込みを要求しますから，訓練教材としてすぐれています．

次は滴定曲線の読み取りよりは単純な問題です．量論に特化した問ですので，注意深く計算し，正解へとたどり着いてください．

問題 47

水酸化バリウム 17.1 g を純水に溶かし，1.00 L の水溶液とした。この水溶液を用いて，濃度未知の酢酸水溶液 10.0 mL の中和滴定を行ったところ，過不足なく中和するのに 15.0 mL を要した。この酢酸水溶液の濃度は何 mol/L か。最も適当な数値を，次の①〜⑥のうちから一つ選べ。

① 0.0300 ② 0.0750 ③ 0.150 ④ 0.167 ⑤ 0.300 ⑥ 0.333

〔24年度追試験第2問問3〕

Q解説 まず，最初に調製した水酸化バリウムの水溶液のモル濃度はいくつでしょうか？ Baは2族ですから，必ず二価の陽イオンになります．という

ことは，水酸化バリウムの組成式は $Ba(OH)_2$ ですね．これをウッカリ BaOH としてしまったりする人がけっこういます．化学は暗記科目ではない，という意見もありますが，このように，Ba というのは周期表のあの辺りだから，水酸化バリウムであれば $Ba(OH)_2$ になるはずだ，という結論に至るためには，「Ba は 2 族の元素だから二価の陽イオンになるはずだ」くらいの最低限のことは，やはり記憶しておくしかありません．その意味では，化学はやはり必須の基本の部分においてそれなりに暗記科目ですので，観念して，ここに書いてあるくらいのことは覚えておいてください．組成式 $Ba(OH)_2$ の式量は $137 + (16 + 1) \times 2 = 171$ ですから，17.1 g は 1/10 mol に相当します．これを溶解して全体積を 1 L にしていますから，調製された水酸化バリウム水溶液の濃度は 0.10 mol/L です．

上記の水溶液で，<u>一価の弱酸である酢酸の滴定を行う</u>わけです．ちなみに，水酸化バリウム水溶液は，Li，Na，K などのアルカリ金属の水酸化物の水溶液には及びませんが，それなりには強い塩基だと思ってください．酢酸溶液の濃度を c (mol/L) とすると，中和完了点での酸と塩基のつりあい式は下記のようになります．

$1 (価) \times c (mol/L) \times 10.0/1000 (L) = 2 (価) \times 0.10 (mol/L) \times 15.0/1000 (L)$

よって c (mol/L) は 0.300 mol/L となり，正答は ⑤ であることがわかります．

§4-3 再び「酸」と「塩基」の定義について
―ルイス酸・塩基への考え方の拡張―

酸，塩基については，本当はまだまだ勉強すべきことはあり，筆者にも，どこまでいけば果てがあるのか想像もつきません．ただし，酸と塩基というのは，中学校のときに最初に教わったような，「酸は酸っぱい，塩基はアルカリ (←灰の意)」というような，あまりに素朴すぎる感覚だけではちょっと実用上の理解としては不足だと思います．要点は，酸と塩基は「ペア」であって，酸があるということは，それに対応する塩基もそこにある，ということです．

ブレンステッドの定義からもう一歩進むとルイスの定義に入り込みます．そこでは，「電子対を受け取るもの (酸) と与えるもの (塩基) のペア (組)」になっ

ていること自体が,「酸 vs. 塩基」という相対的な関係を示しています.こうなると,「酸;酸っぱい」というような日常感覚上での理解を遠く離れます.電子対での理解の仕方は一見困難ですが,このように一般性を担保して理解しておくと,物質Aと物質Bは,相互に反応が起こるような組み合わせだろうか?というような,思考上での予測がある程度できるようになります.実用的な知識としての化学という視点では,これが肝腎なのです.

たとえば,$[Zn(OH)_4]^{2-}$(テトラヒドロキシド亜鉛(II)酸イオン/旧名テトラヒドロキソ亜鉛(II)酸イオン)は,亜鉛イオンZn^{2+}の周りに4個の水酸化物イオンOH^-が配位した錯イオンです(第2章 p.43参照).ここでは亜鉛は4個の配位子である水酸化物イオンに対して,ルイスの定義の範囲内で「酸」としてふるまっていることになります.価電子の配置図を書いてみればすぐにわかる通り,水酸化物イオンOH^-のOは8個の価電子に取り囲まれていて,水素がはり付いている側を除けばかなり「電子あまり」な状態です.(3対あまっています.)

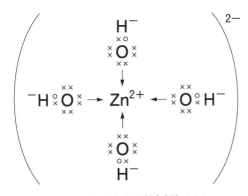

OH^-が(電子対を供給する側の)配位子になりそうなことは推測できる.

テトラヒドロキシド亜鉛(II)酸イオン

このあまった電子対が,陽イオンであるZn^{2+}へ4方向から配位すれば,$[Zn(OH)_4]^{2-}$ができます.Zn^{2+}は,ルイス塩基である4個のOH^-から電子対をもらいっぱなしであるわけです.そういう理由で,亜鉛イオン(Zn^{2+})は水酸化物イオンに対しては酸であるというわけです.

化合物の成り立ちをルイス酸・塩基の図式である程度のみこめるようになる

第4章 酸・塩基・中和

と，化学の勉強に伴う苦痛はかなり減りますので，有機化学，無機化学を問わず，自学に取り組むときの心理的なハードルが下がると思います．ためしに，有名な例の三フッ化ホウ素とアンモニアが結合する反応をルイス酸・塩基の反応で説明してみましょう．どちらが酸でしょうか？（答：三フッ化ホウ素）

ルイス酸，ルイス塩基，とにかくその名前だけは覚えておいてください．名前を覚えておけば，いざ必要なときに専門書と格闘する勇気が湧きます．

§4-4 「酸素」が「酸」をうみだす事例 ―オキソ酸―

最後に，いままで見た問題とは少し雰囲気が違いますが，下記の問題に取り組んでみてください．若干各論的な色合いではありますが，硫黄や窒素が酸化されてできる化合物というのは量も膨大で，環境などに及ぼす影響が大きいので，現代の技術文明に関わっている私たちはある程度知っておくべきであろうと思います．

問題48 亜硫酸ナトリウムに希硫酸を加えたところ，刺激臭をもつ気体が発生した．この気体に関する記述として**誤りを含むもの**を，次の①～⑤のうちから一つ選べ．
① この気体は，硫黄の燃焼によっても発生する．
② この気体は，銅と熱濃硫酸の反応によっても発生する．
③ この気体の水溶液は，弱い塩基性を示す．
④ この気体を硫化水素水に通じると，溶液が白濁する．
⑤ この気体は，空気より重い．

〔24年度追試験第3問問7〕

解説 じつは，酸素の化合により生成される無機酸（通称，オキソ酸）で「亜」が付く場合は少し複雑で，覚えづらいところです．まず，硫酸がH_2SO_4で，亜硫酸がH_2SO_3です．（亜が付くと酸素の数が減ると覚えてください．たとえば，HNO_3が硝酸で，HNO_2が亜硝酸，など．）ですから，亜硫酸ナトリウムはNa_2SO_3です．これに硫酸を加えると，どのような反応が起こるでしょうか．

$$\text{Na}_2\text{SO}_3 + \text{H}_2\text{SO}_4 \rightarrow \text{？？？}$$

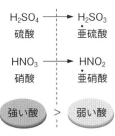

まず第一に理解しておく必要があるのは，硫酸（← それも希硫酸，薄くなくてはいけません）は，酸としては最も強くはたらく部類だということです．一方で，亜硫酸は硫酸と比べるとはるかに弱い酸です．ですから，強い陽イオンである Na^+ には，硫酸由来のイオンである硫酸イオン（SO_4^{2-}）がからんでいきます．つまり，硫酸ナトリウム（Na_2SO_4）ができ，残りは H_2SO_3 です．ここから気体が出たとすると，H_2SO_3 が2種類の物質へ分かれたことになります．このようなとき，水（H_2O）は，非常に安定したユニットなのです．すなわち，

$$\text{Na}_2\text{SO}_3 + \text{H}_2\text{SO}_4 \rightarrow \text{Na}_2\text{SO}_4 + \text{SO}_2\uparrow + \text{H}_2\text{O}$$

となります．要するに，最も強い部類の酸である硫酸が，ナトリウムに化合していた硫酸より弱い酸である亜硫酸を追い出した，という構図です．これは，石灰石に塩酸をたらすと二酸化炭素の泡が出るというよく知られた反応，

$$\text{CaCO}_3 + 2\text{HCl} \rightarrow \text{CaCl}_2 + \text{CO}_2\uparrow + \text{H}_2\text{O}$$

とまったく同型です．

　問題へ戻りましょう．出てきた気体は二酸化硫黄です．これは硫黄単体の燃焼により生じますので，①は正しい記述です．次の②の反応は，最初から理解できていたら大したものです．ふつうはついつい，$\text{Cu} + \text{H}_2\text{SO}_4 \rightarrow \text{CuSO}_4 + \text{H}_2\uparrow$ と書いてしまいますが，銅はなかなか酸化されづらく，こうはなりません．銅単体へ濃硫酸を加えたときに起こる反応は，

$$\text{Cu} + 2\text{H}_2\text{SO}_4 \rightarrow \text{CuSO}_4 + 2\text{H}_2\text{O} + \text{SO}_2\uparrow$$

です．これは覚えておかないと，すらすらとは出てきません．筆者は昔この反応を覚えるときに，「銅はなかなかしぶといので，硫酸が2倍要るのだ」というじつに中途半端なゴロ合わせで覚えましたが，意外に役に立っています．（ひょっとしたらけっこう的を射ているのかも知れません．）ちなみに，この反応は Cu と S の間で起きている酸化・還元反応で，じつは次章（酸化・還元）への布石として，この問題を使いました．

　次に，③が明らかに間違っているのは，少し注意深く問題を読めばすぐに

わかると思います．二酸化硫黄が水に溶けると，$SO_2 + H_2O \rightarrow H_2SO_3$ が起こり，亜硫酸は弱い酸ですから ③ が正答になります．

次の ④ の反応は覚えておかないとなかなか出てきません．硫化水素 (H_2S) には強い還元性があり，SO_2 と共存すると次のような酸化・還元反応が起きて硫黄が単体化し，白い沈殿となります．ですから，④ の記述は正しいのです．

$$SO_2 + 2H_2S \rightarrow 2H_2O + 3S\downarrow$$

これも次章の布石です．硫化水素 (H_2S) は，いわば水素過剰の化合物なので強い還元性があると覚えておいてください．

⑤ は簡単です．SO_2 の分子量は 64 です．これに対して窒素と酸素の混合気体としての空気の見かけの分子量は，モル分率にして窒素 0.8, 酸素 0.2 として，$28 \times 0.8 + 32 \times 0.2 = 28.8$ となりますから，二酸化硫黄の半分以下の分子量です．

第4章のまとめ

次章でも述べますが，酸・塩基と，酸化・還元という用語は，筆頭の漢字が同じ「酸」であるためか，初学者が非常に混乱・混同をきたすことが多いようです．そしてその混同が頭のなかで解決せずに課程だけがどんどん進んでしまうと，「だいたいにおいて化学反応というのは，酸と塩基の中和のタイプの反応と，酸化・還元タイプの反応に二別されるのだ」という，最も重要で根本的な化学反応の分類の視点が理解できないままになってしまいます．（たとえば，電池で電気を起こすためには，そこで起こる化学反応は必ず酸化・還元タイプの反応でなくてはならないことなど．）酸・塩基の反応と，酸化・還元の反応のタイプ分けが間違いなくできるようになっておくのは，化学の勉強のなかでも，最も重要なステップでしょう．

次章では，まず酸化・還元反応と酸・塩基反応を根本的に区別するための考え方を説明します．

第5章 酸化・還元は "酸素" とは切り分けて考える
― "酸化数" は大事な指標，電気へつながる化学反応 ―

> **この章の学習ポイント**
> ① 酸化・還元反応のイメージをつかむこと．(とくに，酸・塩基反応との本質的な差異を理解すること．) ▶ §5-1, 問題49
> ② 酸化・還元の "程度" の指標である「酸化数」を理解し，使いこなせるようになること．(とくに，ある反応式を見たときに，それが酸化・還元反応であるか否かが正確に判断できるようになること．) ▶ 問題50-53
> ③ 酸化数の変化を利用して，反応量論関係式が正しく求められるようになること． ▶ 問題54, 55

　酸化・還元反応のイメージを持っていますか？ "酸化・還元" と "酸・塩基" は最初の文字がともに「酸」であるため，何か根っこの部分で共通性があるのではないかと，ついつい初学者は考えてしまうようです．筆者も高校生の時分そうでした．英語（ヨーロッパ言語）では oxygen（酸素）と acid（酸）と，かなり異なるので，こういう混線は起こらないようです．ところが，この2個のアイテムは，むしろ完全に背反し合っています．粗っぽくいうと，化学反応のほとんどが「酸化・還元」，「酸・塩基」という，原子間の "切れ目" の入り方の差異による2種類の様式へと分類される，とでも考えておくべきところなのです．

　つまり，酸化・還元反応が酸と塩基の間に起こる中和反応を兼ねているということはありえません．反対に，中和反応が酸化・還元反応に分類されることもないのです．このことを具体的に考えてみましょう．

§5-1 酸化・還元反応のイメージ

まず，下記の反応を考えてみましょう．

$$HCl + KOH \rightarrow KCl + H_2O$$

いうまでもなく，この反応は典型的な酸と塩基の中和反応です．ここではイオンが現象の"ユニット"になっていて，主役を果たしています．本当のところは下のように書くべきでしょう．

$$(H^+ + Cl^-) + (K^+ + OH^-) \rightarrow (K^+ + Cl^-) + (H^+ + OH^-)$$

ここで各イオンについてみてみましょう．たとえば，カリウム K は常にカリウムの一価陽イオン K^+ としてふるまい，決して K^{3+} や K^{2-} になったりはしません．いわば，割れ口にはいつも電子1個分の穴があいています．Cl^- も常に一価であることは同じですが，この場合は，カリウムイオンとは逆に，割れ口にはいつも余分な電子1個がくっついています．つまり，<u>酸と塩基の反応の場合，結合している原子間の切れ目は，いつも同じところに入るのです</u>．

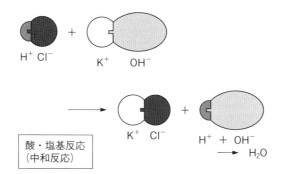

では次に，亜鉛を塩酸へ入れたときに起こる反応を見てみましょう．(一見酸素はからんでいませんが，) これは酸化・還元反応に分類されます．

$$Zn + 2HCl \rightarrow ZnCl_2 + H_2\uparrow$$

このとき，亜鉛はもともとの単体の金属亜鉛から，二価の陽イオン Zn^{2+} へ変化しています．金属亜鉛1原子は2個の電子を供出し，それを2個の水素イオン(H^+)へ渡し，結果として，1個の水素分子(H_2)ができています．いわば，原子の間の切れ目の入り方が，反応の前後で変化しているのです．

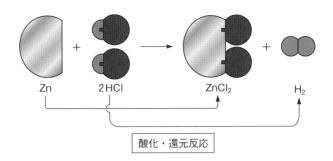

反応前，亜鉛の割れ口はつるんと平らでした．ところが，反応が完了したあとは，電子2個分のくぼみがあいているのです．このような，割れ口が反応の前後で変化する反応のことを，酸化・還元反応と分類するのです．「酸化」という言葉には「酸」が入っているので，ついつい酸素が関与していなくてはならないと思うかも知れませんが，そのタイプの理解はとりあえず捨ててください．ただ，酸素原子が何かにはり付くと，相手からいつも電子2個をもぎ取ってしまうので，相手には電子2個分の穴がぽっこりとあき，割れ口は酸素サイドで凸，相手サイドで凹になります．酸化マグネシウム MgO はこの典型例です．

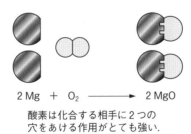

酸素は化合する相手に2つの
穴をあける作用がとても強い．

酸素は，ことのほかこの作用が強い元素なのです．いわば酸化・還元反応の代表的なプレーヤー（酸化剤）であるわけです．

割れ口の穴ができたとき，その割れ口にもともと填まっていたダンゴ（電子）は，路頭に迷うことなくどこかへ行かなくてはなりません．つまり，「電子ダンゴ」を提供する側と提供される側が対をなしていないと，反応は起きません．

第5章　酸化・還元は"酸素"とは切り分けて考える

§5-2　いろいろな酸化・還元反応

まず簡単な例から見ていきましょう．

問題49　身のまわりの事柄に関する記述の中で，下線部が酸化還元反応を**含まない**ものを，次の ①～⑤ のうちから一つ選べ．
① 太陽光や風力により発電し，蓄電池を充電した．
② 炭酸飲料をコップに注ぐと，泡が出た．
③ 開封して放置したワインがすっぱくなった．
④ 暖炉で薪（まき）が燃えていた．
⑤ 長い年月の間に，神社の銅板葺（ぶ）きの屋根が緑色になった．

〔25年度本試験第1問問6〕

🔍解説　① はまさにその通りです．蓄電池の充電は両極での酸化・還元反応そのものです．（放電も同様です．ただ向きが逆なだけです．）

② は単に溶媒（水）中に溶解していた二酸化炭素が相分離して出てきたという現象で，化学反応には分類されません．とくに炭酸飲料（水）に溶けている二酸化炭素はほとんど電離もしていませんから，まさにそのまま泡になって出てくるというあんばいです．（正答は ② です．）

③ はワイン中のエタノールが酸化され，アセトアルデヒドを経て酢酸になる化学変化を指しています．第一級アルコール →（酸化）→ アルデヒド →（酸化）→ カルボン酸 という順番は絶対に覚えておいてください．ところで，ワインを酸化させて作った酢をワインビネガー（wine vinegar）といいます．じつはしかし，ワインをビンに入れて数日放っておいたところで，そんな簡単に酸化されて酸っぱくはならないそうです．（ワインの液面で空気に触れているだけでは，酸化に必要な酸素の供給がまったく足りないのです．）

④ は燃焼反応で，まさにこれこそ日常的に目に見える最も代表的な酸化反応です．むろん，薪を含め，たいていの有機物は炭素，水素，酸素を中心に構成されていますから，最終生成物は二酸化炭素と水です．では，燃焼反応において還元されているものは何でしょうか？　答えは酸素（O_2）です．

⑤の記述のものは $CuCO_3 \cdot Cu(OH)_2$ で，水や二酸化炭素がある環境で銅が酸化されると生成します．特徴的な青緑色を呈する銅の化合物を全般的に緑青(ろくしょう)と呼びます．緑青にはいくつか種類があります．（調べてみてください．）昔は $CuCO_3 \cdot Cu(OH)_2$ は猛毒だといわれていたようですが，どうやら空気中でできる緑青はそうではないようです．（殺虫剤などに使われる毒性の強い種類の緑青もありますが，これはよく目にする緑青とは異なります．）

§5-3 「酸化数」を用いて酸化・還元反応を理解する

次の問題は，酸化・還元反応を考えるうえで最も大事な基本です．酸化数の算出に慣れてください．

問題 50 次の化学反応式①～⑤のうち，下線で示した原子が還元されているものを一つ選べ．
① $\underline{Si}O_2 + Na_2CO_3 \rightarrow Na_2SiO_3 + CO_2$
② $\underline{Al}(OH)_3 + NaOH \rightarrow Na[Al(OH)_4]$
③ $4H\underline{N}O_3 \rightarrow 4NO_2 + 2H_2O + O_2$
④ $K_2\underline{Cr}_2O_7 + 2KOH \rightarrow 2K_2CrO_4 + H_2O$
⑤ $2K\underline{I} + Cl_2 \rightarrow I_2 + 2KCl$

〔26年度本試験第2問問4〕

解説 ①はケイ酸ナトリウム（ケイ酸ソーダ）の生成反応です．二酸化ケイ素（シリカ）にナトリウムなどのアルカリ金属のイオンが入り込むと，その金属イオンはとりあえず何かとつながらなくてはいけませんから，苦肉の策で，$-Si-O-Si-$ というシロキサン結合の一部分に切り込んで $-Si-O-Na$ という末端を作ります．つまり，シリカにプツプツと切れ目を入れてしまいます．このことから，シリカガラス中のアルカリ金属のイオンの濃度が増加すると，シリカガラスの頑丈さが失われ，測定可能な現象としては，融点が降下します．丈夫なガラスを作りたいときにナトリウムの混入が嫌がられるのはこのためです．①の式では両辺とも Si の酸化数は $+4$ です．ですから，この反応は酸化・

第 5 章　酸化・還元は"酸素"とは切り分けて考える

還元を伴っていません．シリカと二酸化炭素がいわば入れ替わっています．よって図式的にはこの反応は「炭酸よりもいくぶん強い酸であるところのケイ酸が，とても弱い酸である炭酸を追い出してナトリウムと対になった」という酸・塩基中和反応の一つであり，酸化・還元反応には分類されません．

② は多くの人が苦手に感じると思われる，両性金属の強塩基性条件での錯イオンの形成です．<u>錯イオンの形成では酸化数（＝価数）の変化は起こりません</u>．配位結合の形成では，配位子（リガンド）が一方的に 2 個 1 対の電子を中心金属イオンへ提供するだけですから，割れ口の変化は起こらないのです．ちなみに ② ではアルミニウムは通常の三価のイオン Al^{3+} のままですから，酸化数も +3 のままです．Al^{3+} に 4 個の水酸化物イオン（OH^-）が配位すれば，全体の電荷は -1 になります．この錯イオンが Na^+ と対をなしているわけです．

<u>両性金属，アルカリ金属，2 族の金属では，ほとんど価数および酸化数の変化は見られません</u>．ただし，鉛蓄電池で使用される鉛（両性金属）だけは重要な例外で，+2 および +4 をとりえます．鉛以外については，これらの金属種

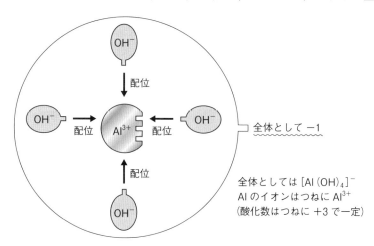

を含んだ反応が酸化・還元反応であるのは、単体（酸化数 0）とイオン状態の間で変化が起こる場合に限られます（$Zn \rightleftarrows Zn^{2+}$ など）。対照的に、遷移金属の価数、酸化数は状況に応じてかなり変化します。たとえば銅の酸化物には、Cu_2O と CuO があります。（銅原子の酸化数はそれぞれ $+1$ と $+2$ ですね。）

③ は硝酸の分解反応です。この反応は濃硝酸に光が当たると盛んに起こります。そのため、濃硝酸は褐色のビンに入れて遮光状態で保存するのがふつうです。ここでは窒素原子の酸化数は $+5$ から $+4$ に減少していますから、窒素は還元されていることになります。よって ③ が選ぶべき答えです。窒素 4 原子の酸化数が 1 減少するのに伴い、硝酸に含まれていた酸化数 -2 の酸素 2 原子が単体の酸素になり、酸化数が 0 となって酸化されています。反応式の中に O_2 のような単体が含まれているときは、100 % 酸化・還元反応であると考えて構いません。

④ は二クロム酸カリウムがクロム酸カリウムへ転化する反応です。この反応では、Cr の酸化数は $+6$ のままで酸化・還元反応はまったく起こっていません。じつはこの問題にはちょっとした落とし穴があります。硫酸酸性の二クロム酸カリウム水溶液が強力な酸化剤としてはたらくことはよく知られています。このことから、ついつい「二クロム酸イオン（$Cr_2O_7^{2-}$）$\rightleftarrows$ クロム酸イオン（CrO_4^{2-}）」の反応も酸化・還元を伴うと思ってしまいがちです。しかし、二クロム酸カリウムが酸化剤として作用するときは、二クロム酸イオン $Cr_2O_7^{2-}$ は Cr^{3+} へ転化するのです。（Cr の酸化数は $+6$ から $+3$ へ減少します。）具体的には、下の反応式で表されます。

$$Cr_2O_7^{2-} + 14H^+ + 6e^- \rightarrow 2Cr^{3+} + 7H_2O$$

これは ④ の反応とはまったく異なっています。

⑤ はハロゲン種の置換反応です。ハロゲン単体は原子番号が小さいほど一価の陰イオンになりやすく、酸化力が大きいのです。よって、塩素とヨウ素では塩素の方が化合物を形成しやすいわけです。これに沿って考えると、ヨウ化カリウムに塩素単体を作用させると、ヨウ素が酸化されて単体となり、塩素は還元されて塩化物 KCl（$= K^+ + Cl^-$）が生成します。弱酸の塩である炭酸カルシウムに塩酸をかけると二酸化炭素が追い出されてくる、という酸・塩基反応

の図式とよく似てはいます．ただし，こちらは中和反応ですね．

ほとんど同じ練習問題をやってみましょう．

> **問題51** 酸化還元反応でないものを，次の①〜⑤のうちから一つ選べ．
> ① $H_2S + H_2O_2 \rightarrow S + 2H_2O$
> ② $2FeSO_4 + H_2O_2 + H_2SO_4 \rightarrow Fe_2(SO_4)_3 + 2H_2O$
> ③ $2KI + Cl_2 \rightarrow I_2 + 2KCl$
> ④ $2KMnO_4 + 5(COOH)_2 + 3H_2SO_4$
> $\rightarrow 2MnSO_4 + 10CO_2 + K_2SO_4 + 8H_2O$
> ⑤ $SO_3 + H_2O \rightarrow H_2SO_4$
>
> 〔24年度本試験第2問問5〕

解説 ①は硫化水素から単体の硫黄ができていますから，すぐに酸化・還元反応であることがわかりますね．Sの酸化数は-2から0へ変化していますから，硫黄原子は酸化されています．これに対してOの酸化数は-1から-2へ減少していますので，還元されていることになります．ここで，硫化水素の性質について少し補足しておきます．硫化水素は水に溶けると弱酸の性質を示します．もちろんこれは酸化・還元反応ではなく，H^+の発生によります．ごく単純に考えると，硫化水素が電離するとS^{2-}というイオンが発生しそうですが，このイオンはそれほど積極的に発生しません．水中で発生するのはHS^-になります（$H_2S \rightleftarrows H^+ + HS^-$）．いわば，$S^{2-}$は<u>イオン化傾向が低い陰イオン</u>です．ただし，金属イオンがある場合にはS^{2-}となり，硫化物を盛んに形成する傾向があります．金属の硫化物は濃く暗い特徴的な呈色をするものが多いようです．丸暗記をする必要はありませんが，カラー写真付きの教科書や図録で一度だけ確認してみてください．

②については，硫黄をとりまく状況はSO_4^{2-}のままですから，あくまでも硫酸イオンは硫酸イオンのままひとかたまりで挙動しており，この中では酸化・還元反応はいっさい起こっていません．酸化・還元反応は別のところで起きています．過酸化水素が水になり，鉄イオンが二価から三価へ移行していることに気づいてください．鉄イオンは当然酸化されています．過酸化水素 → 水に

ついては，酸素原子の酸化数は -1 から -2 へ減少していますから還元です．

③は前問の⑤とまったく同じです．ヨウ素が酸化されており，塩素が還元されています．

④はいっけん複雑ですが，硫黄は硫酸イオンの形態のままひとかたまりで挙動していますから，酸化・還元反応には関与していません．$KMnO_4$（過マンガン酸カリウム）は，有機物ならけっこうなんでも二酸化炭素にしてしまう強力な酸化剤で，濃い特徴的な紫色を示します．Mn の酸化数が $+7$（大きいですね！！）から $+2$ へ減少し，色はほとんど消失します．（教科書的には「薄い桃色」というのですが，パッと見た感じではほとんど無色です．）これに伴い，二価のカルボン酸であるシュウ酸（蓚酸，$COOH-COOH$）は完全に酸化されて二酸化炭素になります．このとき C の酸化数は $+3$ から $+4$ へ増加しています．

せっかくなので，マメ知識を二つだけ仕入れておきましょう．

過マンガン酸カリウムは硫酸酸性下で強い酸化剤として作用し，共存している有機化合物を二酸化炭素と水へ完全酸化します．この作用を利用して，河川や湖沼の水に溶存している有機化合物の量を「完全分解に必要とされる酸素の量」として測定するときに，過マンガン酸カリウムによる滴定を行います．このような方法で測定された酸素要求量を化学的酸素要求量といいます．英語表現の短縮版の COD（chemical oxygen demand）の方が頻繁に使われます．（ただ，世界的にみると，過マンガン酸カリウムよりもはるかに強い酸化剤を使用して COD を測定するケースのほうが多いようです．）

また，シュウ酸は酸・塩基滴定の酸側の標準溶液を作製するときに頻繁に用いられます．そのようなときは，シュウ酸が二価の酸であることに注意してください．（カルボキシ基 $-COO^-H^+$ が二つ互いに背中合わせでくっついた形です．）また，シュウ酸はカルボン酸であり，酸としての性質は強くありません．よって，水酸化ナトリウムなどの強塩基の水溶液をシュウ酸水溶液で滴定すると，中和点の pH は 7 よりも大きくなります．

⑤では酸化数の変化がありません．よってこの問題の答えは⑤です．この反応は三酸化硫黄（SO_3）の水への溶解による硫酸の生成で，広義には酸・塩

第5章 酸化・還元は"酸素"とは切り分けて考える

基反応ととらえることができます．ルイス酸・塩基の考え方でこの反応を見ると，このようになります．

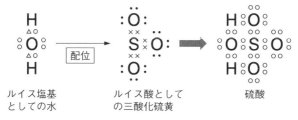

ルイス塩基　　　　ルイス酸として　　　　硫酸
としての水　　　　の三酸化硫黄

この場合，三酸化硫黄と水が，それぞれルイス酸，塩基の役割を果たしています．次もほぼ同じ趣旨の問題ですが，少し異なる反応が紹介されている例を見てみましょう．

問題 52 次の酸化還元反応 ア〜エ のうち下線を引いた物質が酸化剤としてはたらいているものはいくつあるか．その数を下の ①〜⑤ のうちから一つ選べ．

ア　$\underline{Cu} + 2H_2SO_4 \rightarrow CuSO_4 + SO_2 + 2H_2O$
イ　$\underline{SnCl_2} + Zn \rightarrow Sn + ZnCl_2$
ウ　$\underline{Br_2} + 2KI \rightarrow 2KBr + I_2$
エ　$2\underline{KMnO_4} + 5H_2O_2 + 3H_2SO_4 \rightarrow 2MnSO_4 + 5O_2 + K_2SO_4 + 8H_2O$

① 1　② 2　③ 3　④ 4　⑤ 0

〔25年度本試験第2問問3〕

◎解説 ア では単体の銅が硫酸銅へ変化しています．このとき銅原子の酸化数は0から+2へ増加していますから，酸化されています．ということは，Cuのはたらきとしては還元剤です．また，還元されているのは硫酸の中のSです．じつはここには少し補足が要ります．一般的な考え方としては，金属に酸を反応させると水素が発生する，とされています．その場合は，金属に，酸を構成する陰イオン部分がそのまま化合し，金属の酸化物が生成します（例：$Zn + 2HCl \rightarrow ZnCl_2 + H_2\uparrow$）．ところが，銅は比較的酸化されづらい金属で，亜鉛のように塩酸とは反応しません．熱濃硫酸のような酸化剤としての作用が強い酸とは反応するのですが，そのときは水素原子ではなく硫黄原子の還元が起こります．ここでは，SO_4^{2-} から SO_2 になったSの酸化数が +6 から +4 へ

減少しています．熱濃硫酸に酸化作用があるというのは，硫酸イオンは比較的容易に二酸化硫黄へと還元されるということだと考えてもよいでしょう．

イはイオン化傾向の相対的大小の問題です．スズよりも亜鉛の方がイオン化傾向が大きく，スズと交替して亜鉛が塩化物になるのです．ここではスズが還元されて単体になっていますから，スズ自身は酸化剤としてはたらいていることになります．スズと亜鉛はともに両性金属です．他にも Al，Pb が両性金属の性質を示します．Al と Zn は，Pb や Sn と比較するとイオン化傾向が強めです．

ウは先ほどの問題51③と同様のタイプで，いわばイオン化傾向比較のハロゲン版ですね．臭素とヨウ素が入れ替わっており臭素の酸化数が 0 から -1 へ減少していますから，臭素は還元されていて，それ自身は酸化剤として作用していることになります．（ハロゲンは原則としては一価の陰イオンになることに注意してください．ハロゲンは単体から化合物になると，ハロゲン自体は還元されるのです．）ハロゲンの酸化力は原子番号が小さいほど大きくなります．なかでもフッ素は極端で，たとえば単体のフッ素気体を水に接触させると爆発的に反応してフッ化水素を生成します．

前問の④でも述べたことですが，エの過マンガン酸カリウムが硫酸共存下で強い酸化剤としてはたらくことは覚えておきましょう．このとき，Mn の酸化数は $+7$ から $+2$ へ減少します．これに伴って過酸化水素の O は単体の酸素になります（酸化数：$-1 \to 0$）．過酸化水素はいわば酸素単体と水の中間の状態で，O は酸化されれば酸素単体に，還元されれば水になります．というわけで，答えは「3」（イ，ウ，エが該当）です．

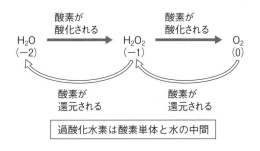

過酸化水素は酸素単体と水の中間

第5章 酸化・還元は"酸素"とは切り分けて考える

酸化剤として強力かつ重要な濃硫酸の性質を見てみましょう．

問題 53 次の**実験Ⅰ**・**実験Ⅱ**は，濃硫酸の酸としての性質に加えて，それぞれどのような性質を利用しているか．性質の組合せとして最も適当なものを，下の①〜⑥のうちから一つ選べ．

実験Ⅰ 濃硫酸を銅片に加えて加熱すると，気体が発生して銅片が溶けた．
実験Ⅱ 塩化水素を得るために，濃硫酸を塩化ナトリウムに加えて加熱した．

	実験Ⅰ	実験Ⅱ
①	酸化作用	不揮発性
②	酸化作用	脱水作用
③	酸化作用	酸化作用
④	不揮発性	不揮発性
⑤	不揮発性	脱水作用
⑥	不揮発性	酸化作用

〔26年度本試験第3問問5〕

解説 実験Ⅰの反応は問題52のアの反応と同じです．発生した気体は二酸化硫黄で，銅片は硫酸銅へと変化します．「濃硫酸の酸化作用で銅が酸化された」と理解できます．

実験Ⅱの反応は

$$H_2SO_4 + 2NaCl \rightarrow Na_2SO_4 + 2HCl$$

です．この反応は酸化・還元反応ではありません．あえていえば，硫酸が塩酸を強引に追い出してナトリウムイオンと対になったという図式です．これを中和反応とみなすのであれば，硫酸の方が塩酸よりも相対的に強い酸であるとい

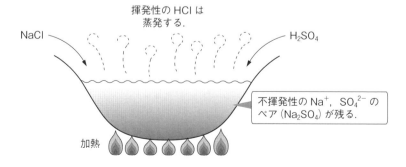

うことになります．また，硫酸は加熱しても蒸発せず容器に留まり続けるので，最終的に硫酸ナトリウムが残るのです．この原因は濃硫酸の不揮発性にあるということができます．答えは ① です．

硫酸の不揮発性には，実験室で硫酸を使用するときにも充分に注意する必要があります．塩酸とは違い，肌や服に付くと時間がたっても揮発しません．このため，硫酸が皮膚に付いてしまったらすぐに水で洗ってください．（もちろん揮発性である塩酸でも洗い落とさなくてはならないのは同じですが，硫酸の方が放置しておくとダメージが大きいということです．）

§5-4 酸化数の変化から反応量論を考える

次に，酸化数から反応量論係数を求めるちょっとした応用問題を考えてみましょう．電子自体は消えてなくなるものではないので，反応全体では酸化数の増減はない，ということにもとづいて量論係数を求めてみてください．

問題 54 銅と希硝酸による NO の発生は，次の反応式で表される．

$$a\text{Cu} + b\text{HNO}_3 \rightarrow a\text{Cu(NO}_3)_2 + c\text{H}_2\text{O} + 2\text{NO}$$

この反応式の係数 a は，Cu と N の酸化数の変化から求めることができる．
この反応式に関して，次のア～ウの記述に対応する数値の組合せとして正しいものを，下の ①～⑥ のうちから一つ選べ．

ア　Cu(NO$_3$)$_2$ 生成に伴う Cu の酸化数の変化
イ　NO 生成に伴う N の酸化数の変化
ウ　係数 a の値

	ア	イ	ウ
①	+1	−1	1
②	+1	−1	2
③	+1	−3	3
④	+2	−1	1
⑤	+2	−3	2
⑥	+2	−3	3

〔25 年度追試験第 3 問問 6〕

解説 アのCuは0から+2への増加です．イのNは+5から+2への減少（−3）です．ここでは，還元されるNが2個（2NO）ありますから，総計−6です．銅原子1個につき酸化数の増加は+2ですから，その量論係数aは3であれば釣り合います．よって答えは⑥です．

硝酸は硫酸と並んで酸化作用が強い化合物です．硫酸が還元されてSO_2が生成するように，硝酸が還元されるとNOが生成されます．Cu + $2HNO_3$ → $Cu(NO_3)_2$ + H_2↑ とはシンプルにいかないところが難しく感じられますね．

演習を続けましょう．

問題 55 質量パーセント濃度3.4％の過酸化水素水10gを少量の酸化マンガン（Ⅳ）に加えて，酸素を発生させた．過酸化水素が完全に反応すると，発生する酸素の体積は標準状態で何Lか．最も適当な数値を，次の①〜⑥のうちから一つ選べ．

① 0.056　② 0.11　③ 0.22　④ 0.56　⑤ 1.1　⑥ 2.2

〔24年度本試験第3問問4〕

解説 これは初等的な化学実験のうちでも最もポピュラーなものの一つですね．反応自体は過酸化水素から酸素が発生するという単純なものです（H_2O_2 → H_2O + $1/2 O_2$↑）．ここでは酸化マンガン（Ⅳ）は触媒としてはたらいており，式上にはあらわには出てきません．まず過酸化水素の物質量を求めましょう．10gのうちの3.4％，すなわち0.34gが過酸化水素です．H_2O_2の分子量は34ですから，0.34gは0.01molに相当します．量論比から，酸素は過酸化水素の半分の物質量（0.005mol）だけ発生します．ということは，標準状態で発生する酸素の体積は22.4（L/mol）× 0.005 mol ≒ 0.11（L）です（答えは②）．

第6章 電気をつくる酸化・還元反応
― 電子のやりとりで理解する ―

> **この章の学習ポイント**
> ① 酸化・還元反応と電気（電子）の流れの関係を把握し，電池・電気分解・精錬の原理を理解すること．
> - 電池　▶ 問題 57, 59, 63
> - 電気分解　▶ 問題 56, 58-63
> - 精錬　▶ 問題 62

　前章では，酸化・還元反応では化合物を形成する原子のあいだで電子のやりとりが起こるのだ，ということを理解することに努めました．これは，酸化・還元反応には「電気」がからむことを示しています．とはいっても，ただ反応が起こればそこでビビビッと電気が流れるというわけではありません．理にかなうように導線や電球やモーターを反応の場にセットすると，電気（電力）が取り出せるのです．あるいは，反対に，電気を流すことによって起こる反応もあります．それらはすべて酸化・還元反応に属します．

　いうまでもなく，酸化・還元反応の要点は電子のやりとりです．この反応時の電子のやりとりを導線を介して行うと，電子のやりとりが起こったときには

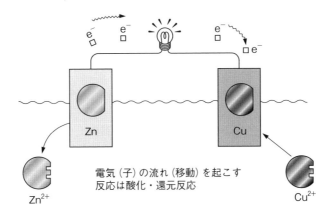

電気（子）の流れ（移動）を起こす反応は酸化・還元反応

第6章 電気をつくる酸化・還元反応

電流が流れます．反応が自発的に起こり，その結果として電流が自発的に発生する場合，これは現象としては「電池」に相当します．この自発的な電流をエネルギー源として利用するわけです．これに対し，人為的に電圧をかけることで自発的には進まない化学反応を誘起する場合があり，電気分解がこれに相当します．電気分解では，電気エネルギーを用いて得たい化学種を作りだすことができます．

電気化学があつかう現象は，この電池と電気分解の2種類と考えておけばよいでしょう．以下の問題で考察するように，電気化学では「どれだけの反応が起こればどれだけの電気エネルギーがとりだせるか？（電池）」と，「どれだけの電気エネルギーを加えればどれだけの所望の化学種が得られるか？（電気分解）」を考えることが基本です．

§6-1 酸化・還元反応と電気の流れ －反応量論関係が重要－

問題 56 図のように白金電極を用いて，硫酸銅(Ⅱ)水溶液の電気分解を行った。2.00 Aの電流を965秒間流したところ，陽極に〔ア〕が生成し，その質量は〔イ〕gであった。上の空欄〔ア〕・〔イ〕に当てはまる物質と数値の組合せとして最も適当なものを，下の①～⑥のうちから一つ選べ。ただし，ファラデー定数は9.65×10^4 C/molとする。

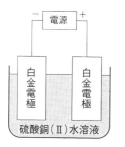

	ア	イ
①	銅	0.16
②	銅	0.32
③	銅	0.64
④	酸素	0.16
⑤	酸素	0.32
⑥	酸素	0.64

〔25年度追試験第2問問7〕

🔍解説 この問題は電気分解ですね．陽極では陰イオンから電子が吸い取られていくと考えましょう．つまり，電子が奪われる酸化反応が起こります．ま

た，電気分解では酸化反応は必ず陰イオンに起こります．硫酸銅水溶液中には硫酸イオン SO_4^{2-} と水酸化物イオン OH^- があります．硫酸イオンは水酸化物イオンよりもイオンの状態でいやすく，そこで水酸化物イオンが酸化されて酸素が発生するのです．

$$4OH^- \rightarrow 2H_2O + O_2\uparrow + 4e^-$$

電子のモル数は，流れた電荷量が 2.00×965 (C) であることから，その値をファラデー定数で割って 2.00×965 (C)$/96500$ (C/mol) $= 2.00 \times 10^{-2}$ (mol) と求められます[†]．電子に対して発生した酸素の物質量比は上式の通り $1/4$ ですから，発生した酸素の質量は，$(16 \times 2) \times (1/4) \times 2.00 \times 10^{-2}$ (mol) $= 0.16$ (g) と求められます．よって正答は ④ です．逆に，陰極側では電子が供給されますから，陽イオンの還元反応が起こります．いまこの水溶液中にある陽イオンは Cu^{2+} と H^+ です．銅と水素を比較すると水素の方がイオン化傾向が大きいので，還元反応は銅イオンに起こります．結果，単体の金属銅が陰極側の白金電極に析出します．（もしも溶けている金属のイオン化傾向が水素のそれよりも大きければ，水素イオンが還元されて水素気体となり，泡となって出てきます．）

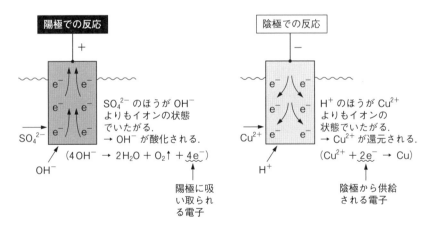

今度は電池の放電に伴う物質量の変化を計算してみましょう．

[†] 1秒間に1(A)の電流によって運ばれる電荷量が1(C)です．〔1C = 1As〕

第6章 電気をつくる酸化・還元反応

問題 57 図に示すように，ダニエル電池を 0.50 A で 193 秒間放電させた。銅電極の質量変化に関する記述として最も適当なものを，下の ①〜⑥ のうちから一つ選べ。ただし，ファラデー定数は $9.65×10^4$ C/mol とする。

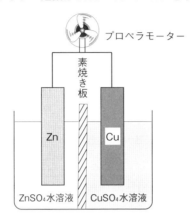

① 0.064 g 減少する。　② 0.032 g 減少する。　③ 0.016 g 減少する。
④ 0.016 g 増加する。　⑤ 0.032 g 増加する。　⑥ 0.064 g 増加する。

〔26 年度本試験第 2 問問 6〕

解説 前問と同様に，酸化・還元反応と電気がからむ場合は，まずは流れた電荷の量を計算しましょう．

$$0.50 \text{ (A)} \times 193 \text{ (s)} = 96.5 \text{ (C)}$$

次にこの電荷量をモル数へ変換します．

$$\frac{96.5 \text{ (C)}}{96500 \text{ (C/mol)}} = 10^{-3} \text{ (mol)}$$

次に両電極付近でどのような酸化・還元の反応が起こるかを考えます．亜鉛と銅では，圧倒的に亜鉛の方がイオン化傾向が大きいので，亜鉛が酸化されてイオンになり，逆に銅イオンは還元されて単体の銅になり電極板上に析出します．よって銅電極の質量は増加します．ここでは $Cu^{2+} + 2e^- \rightarrow Cu$ という還元反応が起こりますので，流れた電子の物質量の半分の物質量の銅が析出します．銅の原子量が 64 ですから，

$$64\,(\mathrm{g/mol}) \times (1/2) \times 10^{-3}\,(\mathrm{mol}) = 0.032\,(\mathrm{g})$$

だけ銅電極の質量が増加するわけです．（答えは ⑤ です．）

逆に亜鉛電極では（亜鉛の価数は銅と同じく +2 なので），$(1/2) \times 10^{-3}\,(\mathrm{mol})$ だけ電極中の亜鉛が Zn^{2+} となって溶出します．亜鉛の原子量は 65.4 ですので，$65.4\,(\mathrm{g/mol}) \times (1/2) \times 10^{-3}\,(\mathrm{mol}) \fallingdotseq 0.033\,(\mathrm{g})$ だけ亜鉛電極の質量が減少したことになります．（電流は Cu 板から導線，モーターを通って Zn 板へ流れることを確かめましょう．）

次もほとんど内容は同じですが，析出した銅の質量から通電時間を逆算する問題です．

問題 58

図のように，銅板とステンレス鋼板を硫酸銅（Ⅱ）水溶液に浸して銅めっきを行った．直流電源をつないで 0.320 A の電流をある時間通じたところ，ステンレス鋼板の質量が 0.128 g 増加していた．電流を通じた時間は何分間か．最も適当な数値を，下の ①～⑥ のうちから一つ選べ．ただし，ファラデー定数は 9.65×10^4 C/mol とする．

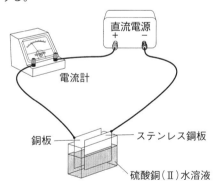

① 10 ② 20 ③ 40 ④ 100 ⑤ 600 ⑥ 1200

〔26 年度追試験第 2 問問 7〕

解説 ステンレス鋼板は直流電源の陰極に接続されていますから，ここへは電子が供給されています．よってステンレス鋼板上では銅イオンが還元されて金属単体の銅として析出されるという反応が起こります．水素気体が発生するのではなく，銅が析出することに注意しましょう．銅の原子量は 64 なので，

第6章　電気をつくる酸化・還元反応

0.128 (g)/64 (g/mol) = 0.002 (mol) だけ析出したことになります．硫酸銅水溶液中の銅イオンは二価ですから，この還元反応に要した電子のモル数はその二倍の 0.004 (mol) です．よって，通電時間を t (min) とすると，0.320 (A) × 60t (s)/96500 (C/mol) = 0.004 (mol) となります．ここから t は約 20 分となり，答えは ② です．

　もう一つ似た析出の計算をしてみましょう．ただし今回は硫酸銅の電気分解ではなく，鉛蓄電池の充電の反応です．鉛蓄電池は鉛が 0，+2，+4 という 3 種類の異なる酸化数をとりうることを利用しています．中間にあるのが硫酸鉛としての +2 のイオンです．鉛蓄電池の電極は Pb と PbO_2 です．放電すると，両極の電極表面に $PbSO_4$ が付着します．充電時はこの $PbSO_4$ を Pb と PbO_2 に戻す反応を起こすのです．つまり，硫酸鉛の Pb^{2+} イオンをさらに酸化して PbO_2 (酸化数 4) にし，放電された電子 2 個は他方の電極上で電解液中の Pb^{2+} を還元して単体の鉛 (酸化数 0) を析出させます．

問題 59

ある程度放電した鉛蓄電池を図1のように充電したとき，電解液中の硫酸イオンの質量の増加と，電極Aの質量の変化の関係を表す直線として最も適当なものを，図2の①〜⑤のうちから一つ選べ．ただし，電極の質量には表面に付着している固体の質量を含める．

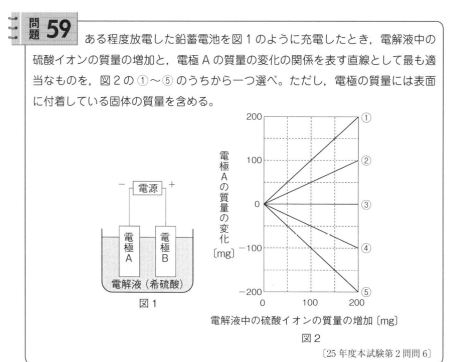

〔25 年度本試験第 2 問問 6〕

解説 ここでは充電時のことが問われています．電極 A には電子が電源から送り込まれてくるので，ここでは還元反応が起こります．すなわち，ここでの反応は $Pb^{2+} + 2e^- \rightarrow Pb$ （$PbSO_4 + 2e^- \rightarrow Pb + SO_4^{2-}$）です．具体的には，電極 A に貼り付いていた硫酸鉛が単体の鉛へ還元され，硫酸鉛を形成していた硫酸イオンが電解液中へ溶け出していきます．よって電極 A の質量は減少し，電解液中の硫酸イオンの質量は増加します．電極板 A の質量減少はちょうど硫酸イオンの溶出分にあたります．一方，電源の正極に接続された電極 B 上では硫酸鉛の二価の鉛イオンがさらに酸化されて，酸化鉛 PbO_2 へ転化します．この反応は $PbSO_4 + 2H_2O \rightarrow PbO_2 + SO_4^{2-} + 2e^- + 4H^+$ と表現できます．つまり，電極 B 板上でも硫酸イオン SO_4^{2-} が発生します．仮に電極 A 板上の 1 mol の $PbSO_4$ が Pb へ還元されたとすると，電極 A の質量は SO_4^{2-} の 1 mol 分（約 96 g）だけ減ります．このとき電解液中の SO_4^{2-} は A 板，B 板からそれぞれ 1 mol ずつ供給され，合計 2 mol 分（約 192 g）だけ増えることになります．これに正しく対応しているのは ④ の直線です．

実用上の問題としては次のようなことが挙げられます．充電時に酸化鉛が首尾よく電極 B 上へ順次析出してくれればよいのですが，すべてが電極に付着するわけではありません．槽の底部へ落ちて沈殿を形成してしまったりします．電極 B から離れてしまった酸化鉛は電子を供給することができませんから，鉛蓄電池の充放電にはもう寄与できなくなります．鉛蓄電池の充放電回数に限界があるのはこのためで，自動車用の鉛蓄電池なども定期的に交換する必要があります．

そのような弱点はあるのですが，鉛蓄電池は大容量蓄電池としては最も手ごろな製品で，今後もなくなることはないでしょう．

放電の場合は，電子の動きは完全に逆方向です．電極 A の Pb は $PbSO_4$ へと酸化され，B の PbO_2 は $PbSO_4$ へ還元されます．この結果，電極 A から B へ導線を通じて電子が流れます．

次の問題も基本的ですが，ぜひ忘れてほしくない種類の問題です．ここでは両極で発生する気体の物質量を正確に把握することが重要です．

第6章 電気をつくる酸化・還元反応

問題 60 ある1種類の物質を溶かした水溶液を，白金電極を用いて電気分解した．電子が 0.4 mol 流れたとき，両極で発生した気体の物質量の総和は 0.3 mol であった．溶かした物質として適当なものを，次の ①～⑤ のうちから二つ選べ．
① NaOH ② $AgNO_3$ ③ $CuSO_4$ ④ H_2SO_4 ⑤ KI

〔26 年度本試験第 2 問問 5〕

解説 ① の水酸化ナトリウム水溶液の場合，陰極では水素イオンの還元による水素の発生が起きます．これは，ナトリウムは水素よりもはるかにイオン化傾向が強く，水溶液の電気分解ではそのイオンは還元されずに水の中に留まるからです．この反応は $2H^+ + 2e^- \rightarrow H_2\uparrow$ ですから，流れた電子のモル数の半分の物質量の水素気体が発生します．よって陰極からは 0.2 mol の水素が発生します．

一方，水酸化ナトリウム水溶液中には陰イオンは OH^- しかありませんので，陽極では OH^- の酸化反応が起こります（$4OH^- \rightarrow 2H_2O + O_2\uparrow + 4e^-$）．よって，0.4 mol の 1/4，すなわち 0.1 mol の酸素が発生します．合わせると 0.3 mol

【陰極】

⑤ K^+ ① Na^+　　　　④ H^+　　　　③ Cu^{2+} ② Ag^+

極端に還元されづらく，　還元されて H_2　　H^+ より還元されや
陽イオンのままで水中　　気体となる　　　すく，陰極上に金属
にとどまる　　　　　　　　　　　　　　　単体が析出する

←──────────── イオンでいたがる傾向は左へいくほど大きい

【陽極】

② NO_3^-　　　　① OH^-　　⑤ I^-
③ SO_4^{2-}
④ SO_4^{2-}

還元されづらく，　酸化されて　　OH^- より酸化
陰イオンのままで　O_2 気体となる　されやすく，
水中にとどまる　　　　　　　　　陽極から単体
　　　　　　　　　　　　　　　　が現れてくる

の気体が発生するので，①は正答です．

②では陰極で還元されて出てくるものが気体ではなく金属単体です（$Ag^+ + e^- \rightarrow Ag$）．むろんこれは，銀のイオン化傾向が水素のそれよりも圧倒的に小さいことによります．陽極で起こる反応は①と同じです．硝酸イオンは水酸化物イオンと比較するとはるかに水中で安定なので，水中に留まります．よって②では 0.1 mol の酸素が発生するだけです．

③は②と状況的に同じです．陰極には単体の銅が析出し，陽極からは 0.1 mol の酸素が発生します．

④は①の強塩基とは逆に強酸ですが，電気分解のときの事情はほぼ同じです．まず，陰極では還元が起こります．陰極で還元されるのは陽イオンに限られます．ここで，硫酸の水溶液の中にある陽イオンは，水素イオン H^+ だけであることに気づきましょう．すると，陰極からは①とまったく同様に水素気体が発生します．陽極へアクセスしうるイオンは陰イオンである硫酸イオン SO_4^{2-} もしくは水酸化物イオン OH^- です．この二者を比較すると，硫酸イオンの方が水酸化物イオンよりもイオンのままでいたがる傾向が大きく，陽極で起こる反応は①と同様に酸素原子の酸化数が -2 から 0 へ増加する酸化反応になります．よって問の要件を満たすのは①（水酸化ナトリウム）と④（硫酸）です．

では，⑤のヨウ化カリウム水溶液を電気分解するとどのような反応が起こるでしょうか．陰極で起こる反応は明らかに水素イオンの還元による水素気体の発生です．カリウムはナトリウムと同様に極端にイオン化傾向が大きなアルカリ金属ですから，水がある限りカリウム単体が陰極板上に析出してくることはありません．次に，陽極では OH^- と I^- のどちらが酸化反応の対象になるでしょうか．この場合，ハロゲンは酸化力が強いため，相手から電子を奪い "一価の陰イオンになりやすい" ことを覚えていると，ふつう OH^- を選ぶと思います．しかし意外なことに，陽極ではヨウ化物イオンの方が酸化されて固体の単体ヨウ素が析出します（$2I^- \rightarrow I_2 + 2e^-$）．じつは OH^- も陰イオンのままでいたがる傾向がそれなりに強く，電気分解では，F^- を除くハロゲン化物イオン（Cl^-，Br^-，I^-）の方が水酸化物イオンよりも，陽極での酸化反応の対象に

第6章　電気をつくる酸化・還元反応

なりやすいのです．

　このように，ハロゲンの陰イオン化傾向の強さには少しややこしいところがあるのですが，ハロゲンについては，まずは原則として，その酸化力が強いことを覚えておきましょう．難しいことはぬきにして，ハロゲンが電子1個をとって一価の陰イオンになり，閉殻構造に落着することを頭に入れておいてください．

　そのハロゲンのなかでもフッ素の酸化力は群を抜いています．単体のフッ素気体（F_2）は何でも酸化してすぐに化合物になってしまうので，ほとんどの人は，フッ素気体を実際に見ることはないでしょう．単体のフッ素気体（F_2）を手に入れるのはなかなか大変で，フッ化カリウム（KF）の固体を融点（約860℃）以上の液体状態（溶融塩）にし，それを強引に電気分解する必要があります．陽極，陰極でそれぞれF_2（気体）とK（液体）が発生するという，想像するだけでスリリングな方法です．（溶融塩を用いるのは，水の介在を避けるためであることはわかりますね．）

　次に，塩化ナトリウムNaCl水溶液の陰イオンの交換を行って水酸化ナトリウム水溶液を製造する方法（イオン交換膜法）についての問題です．見なれない図なので少し迷うかも知れませんが，求められていることは単なる量論の計算です．

問題 61

　図は，水酸化ナトリウムを得るために使用する塩化ナトリウム水溶液の電気分解実験装置を模式的に示したものである．電極の間は，陽イオンだけを通過させる陽イオン交換膜で仕切られている．一定電流を1時間流したところ，陰極側で2.00 gの水酸化ナトリウムが生成した．流した電流は何Aであったか．最も適当な数値を，下の①～⑤のうちから　つ選べ．ただし，ファラデー定数は$9.65×10^4$ C/molとする．

① 0.804　② 1.34　③ 8.04　④ 13.4　⑤ 80.4

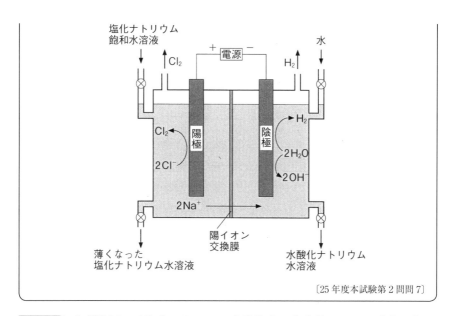

〔25年度本試験第2問問7〕

解説　まず陽極では塩化ナトリウム水溶液中の塩化物イオンの酸化が起こります（$2Cl^- \rightarrow Cl_2\uparrow + 2e^-$）．この酸化反応により陽極へと吸い取られた電子は，導線を伝って陰極へ移動し，陰極表面上では水を構成する水素原子の還元反応が起こります（$2H_2O + 2e^- \rightarrow H_2\uparrow + 2OH^-$）．問題の図で，電解液中での電気回路における電荷の移動を担うのはナトリウムイオンです．左側の槽では塩化物イオンがどんどん塩素気体になって減少していきますから，Cl^-とは反対に，正の電荷を有したナトリウムイオンが余剰になってきます．この余剰のナトリウムイオンは中央部にある陽イオン交換膜を通過して右側の槽へ移り，そこでは陰極でどんどん発生してくる水酸化物イオンと対をなします．この段階で右側の槽で水酸化ナトリウム水溶液ができるわけです．

陽極，陰極でそれぞれ発生する塩素，水素の気体は，槽上部の脱気口を通じて外へ出されます．いま，水酸化ナトリウム（式量40）が2.0 g，すなわち2.0/40 (mol) 生成しています．$2H_2O + 2e^- \rightarrow H_2\uparrow + 2OH^-$ という半反応式を見ると，生成する水酸化物イオンと流れる電子のモル比は1:1です．水酸化物イオンと水酸化ナトリウムの量論比もやはり1:1ですから，流れた電荷は {2.0/40 (mol)} × 96500 (C/mol) = 9650/2 (C) だったということになります．これだ

けの電荷を1時間すなわち 3600 (s) だけ流したので，一定電流は 9650/(2 × 3600)(A) となり，答えが ② であることがわかります．

ここで出てくる陽イオン交換膜というのは，いわば負に帯電したシートで，Cl^- のような陰イオンは透過できず，陽イオンだけが透過できます．いわば陽イオンのろ過（濾過）ができるわけです．逆に，正に帯電している場合は陰イオン交換膜になります．イオンのろ過の場合，ろ過されるイオン種を動かすための力は電場（電界）です．図の装置の場合，図中では右方向の，陽極から陰極への電場がありますから，ナトリウムイオンは左から右へ移動します．

この例を見ると，電気と化学工業の不可分な関係がはっきりと感じられるでしょう．実際，化学工業は大口の電力需要者でもあります．（…ただ，製造産業用動力源モーターで使用される電力の方が，全体統計で見ると圧倒的に大きいのですが．）

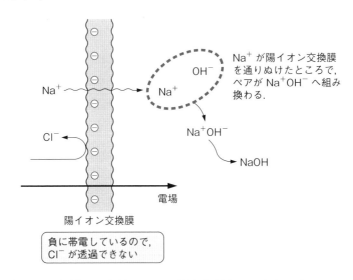

次に直列で電解槽が2個並んでいる場合を考えてみましょう．

問題 62 図に示すように，電解槽Aに 200 mL の 1 mol/L 硝酸銀水溶液，電解槽Bに 200 mL の 1 mol/L 塩化銅(II)水溶液を入れて，電気分解の実験を行った．下の問い (a・b) に答えよ．

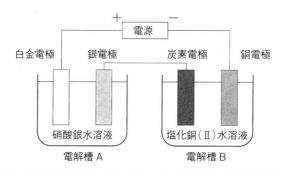

a この実験で一定の電流を流したところ，Bの銅電極の質量が 0.320 g 変化した。このとき，Aの銀電極の質量の変化として最も適当なものを，次の①〜⑤のうちから一つ選べ。

① 1.08 g 増加　② 0.540 g 増加　③変化なし
④ 0.540 g 減少　⑤ 1.08 g 減少

b この実験に関する記述として正しいものを，次の①〜④のうちから一つ選べ。
① Aの白金電極から，水素が発生した。
② Aの白金電極を銀電極に替えると，その電極から酸素が発生する。
③ Bの炭素電極から，塩素が発生した。
④ Bの炭素電極を銅電極に替えると，その電極から酸素が発生する。

〔24 年度本試験第 2 問問 6〕

解説 槽が 2 個並んでいますが，直列である限り，両電解槽に流れる電荷は必ず等量であるというのがポイントです．要するに，電荷は決してどこにも溜まらないのです．

まず a を考えましょう．電解槽 B の銅電極は陰極ですから，この表面で起こるのは必ず還元反応です．銅は水素よりもイオン化傾向が小さいので，この電極では $Cu^{2+} + 2e^- \rightarrow Cu$ という還元反応が起こります．ということは，この電極の銅の質量は 0.320 g，物質量でいうと 0.320/64 (mol) だけ増加したはずです．流れた電子の物質量は，上記の半反応式から，その 2 倍の 0.640/64 (mol) であることがわかります．電解槽 A の銀電極もまた陰極なので，ここでは銀イオンの還元 ($Ag^+ + e^- \rightarrow Ag$) が起こります．銀イオンは一価なので，

第6章 電気をつくる酸化・還元反応

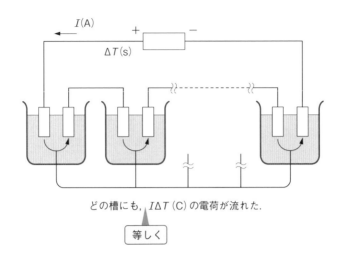

どの槽にも，$I\Delta T$ (C) の電荷が流れた．

等しく

流れた電子の物質量と析出した単体銀の物質量は同じ 0.640/64 (mol) です．銀の原子量は 108 ですから，銀電極の質量は 108 (g/mol) × 0.640/64 (mol) = 1.08 g だけ増加したことになり，正答は ① です．

次に b を考えます．一つずつ見てみましょう．① の白金電極は陽極ですから酸化反応しか起こりません．単体水素が発生するということは還元反応ですから，① はありえません．発生するのは酸素です（$4OH^- \rightarrow 2H_2O + O_2\uparrow + 4e^-$）．

② はじつはかなり正誤判断が難しい記述です．というのは，白金ほどではありませんが，銀も貴金属で，一般的にはそう簡単に陽イオン化しないと考えられるからです．つまり，電解槽 A の陽極では電極板の銀と水酸化物イオンのどちらが酸化されるのか迷わされるのです．あえていうと，ヒントは電解槽 A 中の電解液が硝酸銀であることです．硝酸は，私たちが通常考える酸のなかでも，金属イオンとペアをつくりやすい強酸です．<u>そもそも硝酸銀が水によく溶けるということは，硝酸イオン共存下では銀は容易にイオン化するということ</u>です．ということは，この陽極で起こる酸化反応は $Ag \rightarrow Ag^+ + e^-$ となります．② の記述とは逆に，白金電極のままにしておけば酸素が発生するのです．

③ の電解槽 B の炭素電極は陽極ですから，この電極では酸化反応が起こり

110

ます．OH⁻ と Cl⁻ ではどちらが酸化されるかというと，じつはハロゲン化物イオンの Cl⁻ です．（これは問題60⑤でやりましたね．）ということは③は正しい記述です．

④は②とまったく同じパターンです．電解液が塩化銅水溶液であるということは，電極板の銅金属から電子を取り去れば銅イオンが生成して水溶液中へ溶け出します．それと並行して右側の銅電極には金属銅が析出します．

②や④の操作は，工業的には電解精錬と呼ばれるものです．いったん電解液中にイオン化させてからその金属陽イオンを陰極板上で還元すると，かなり純度が高い状態で金属単体が電極に付着していきます．ただし，実用工程で用いられる銅の電解液は，硫酸酸性の硫酸銅水溶液です．これは陽極で $4OH^- \rightarrow 2H_2O + O_2\uparrow + 4e^-$ 以外の気体が発生する反応が起こるのを避けたいからです．（もちろんメインで起こるのは $Cu \rightarrow Cu^{2+} + 2e^-$ ですが，他の反応も起きています．）本問のように塩化銅水溶液を使用すると，陽極からは有毒な塩素気体が発生してしまいます．これが工場内だと厄介ですし，電解槽中の陰イオンの濃度がどんどん下がってしまいますから，電気分解時に水溶液中に保持されるようなしぶとい陰イオンを銅のペアにしておく必要があります．硫酸酸性の硫酸銅水溶液はこの点ですぐれています．

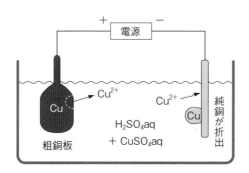

最後にもう一つ，一見複雑に見える，電気分解と化学電池（ダニエル電池）を組み合わせた例を考えてみましょう．この場合も基本は化学量論計算です．

第6章 電気をつくる酸化・還元反応

問題63 乾電池とダニエル電池を電解槽と組み合わせた図の装置を用いた次の実験について、下の問い（a・b）に答えよ。

実験 電解槽に1.0 mol/Lの硫酸銅(Ⅱ)水溶液1.0 Lを入れ、質量5.0 gの銅板A、Bをそれぞれ電極とした。まず、スイッチを**接点ア**に接続し、乾電池から0.20 Aの一定電流を965秒間、電解槽に流した。

続いて、スイッチを直ちに**接点イ**に切り替え、ダニエル電池から0.20 Aの一定電流を965秒間、電解槽に流した。

なお、電流を一定にするために電流調節器を使用した。

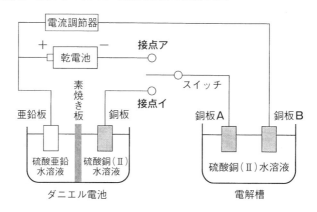

a この実験に関する記述として正しいものを、次の①〜④のうちから一つ選べ。
① スイッチを**接点ア**に接続したとき、銅板Aから水素が発生した。
② スイッチを**接点ア**に接続したとき、銅板Bの銅が酸化された。
③ スイッチを**接点ア**に接続したとき、電解槽中の銅(Ⅱ)イオンの物質量が減少した。
④ スイッチを**接点イ**に接続したとき、ダニエル電池中の硫酸イオンの物質量が減少した。

b この実験において、電流を流した時間〔秒〕に対する銅板Bの質量〔g〕の変化を表すグラフとして最も適当なものを、次の①〜⑥のうちから一つ選べ。ただし、ファラデー定数は9.65×10^4 C/molとする。

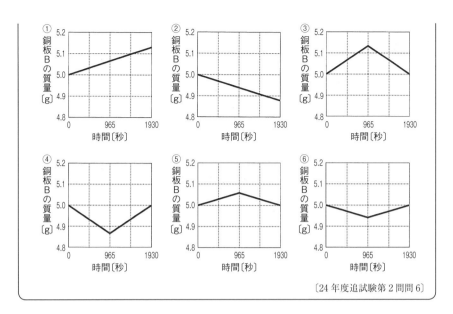

〔24年度追試験第2問問6〕

◉解説 まずaから考えます．スイッチを接点アへ接続すると電解槽中の銅板Aは陰極になりますから，銅板A表面上では還元反応が起こります．電解槽の中にある陽イオンは銅イオンと水素イオンだけですから，この二者のうちのイオン化傾向が小さい方である銅イオンが還元されます．つまり，ここでは金属単体の銅が銅板A上に析出してきます．よって①の記述は間違いです．

②で銅板Bは陽極ですから酸化反応が起こります．酸化される候補としてはSO_4^{2-}（液中），OH^-（液中），Cu（電極板）の三つの可能性がありますが，硫酸イオンはあまりにも水中で安定なので，これが還元されて二酸化硫黄が発生するというのはありえません．前出の問題62にもあったように，硫酸銅水溶液が安定であるということは，そもそも銅イオンが硫酸イオン共存下で安定であるということを示しています．よって銅板Bからは銅イオンが電解槽中の液へ溶け出していきます．②は正しい記述です．

①，②から，③が誤りであることはすぐにわかります．銅板Bから溶け出した銅イオンはそのまま銅板A表面上に析出しますから，電解槽中の銅イオンの量は変化しないことになります．

④はダニエル電池作動時の電解液中の陰イオンの量の変化についての記述

113

です．ダニエル電池の亜鉛板上で起こる反応は Zn → Zn^{2+}，銅板上で起こる反応は Cu^{2+} → Cu ですから，硫酸イオンは関与していません．よってダニエル電池中の硫酸イオンの量は一定です．

次に b を見てみましょう．スイッチが乾電池側へ接続されている 965 秒の間は銅板 B からは銅がイオンとして溶出していますから，質量は減少します．銅イオンは二価ですから，流れた電子の物質量の半分の物質量の銅が溶出したことになります．流れた電子の物質量は，与えられている数値から 0.20 (A) × 965 (s)/96500 (C/mol) = $2 × 10^{-3}$ (mol) と求められますから，銅はその半分の $1 × 10^{-3}$ (mol) だけ溶出したということです．銅の原子量が 64 ですから，これは 64/1000 (g) に相当します．（ここから，答えは ② か ⑥ にしぼられます．）

次にスイッチを接点イへ接続してダニエル電池の放電を開始すると，銅板 B は陰極になります．（ダニエル電池を構成している亜鉛と銅では，前者の方がイオン化傾向が大きいので，亜鉛板の金属亜鉛が溶け出し，二価の亜鉛イオンが溶出します．このとき電子は電流調節器を通過して銅板 B へ至ります．こうして銅板 B は電子を受けとる側である陰極になります．）よって，銅板 B 表面上では還元，すなわち金属単体の析出が起こりますから，銅板 B の質量は増加します．乾電池を作動させていたときと同じ電流で同じ時間だけ電気を流すのですから，銅板 B の質量はもとの値である 5.0 g へ戻るわけです．よってグラフ ⑥ が正しいことがわかります．

第5・6章のまとめ

　酸化・還元反応は，化学反応の中でも，実用的な側面において最も影響力が大きい変化をもたらす反応群です．鉄鉱石がピカピカ光る鋼(はがね)へと変わるのも，ガソリンが空気と混ざって爆発的に燃焼するのも，食べた物が体を動かすためのエネルギー源になるのも，すべて酸化・還元反応です．酸化・還元反応では，いわば結合した原子間の境界線が変わり，そのことにより，反応に関与する元素には，いわば根源的な変化がもたらされるといえます．

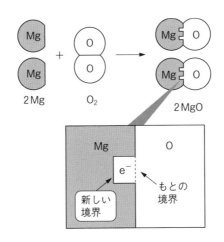

　この意味で，酸化・還元反応を構造的に理解しようと考えたとき，電池の反応や電気分解反応は最もよい教材でしょう．ある物質 A が変化してA′になるときに電子を放出します．その放出された電子は必ずどこかへ収納される必要があります．ですから，電子を受け取る反応が同時に並行して起こっていなくてはなりません．この電子を吸収する側の反応が「還元反応」です．よって，酸化反応と還元反応は必ずいっしょに起こる必要があります．電子が迷子になって，どこかにぽつねんとしている，という状況はありえないのです．

酸化・還元反応は後続の「有機化学」の章でも出てきます．根本的なところは同じといってよいのですが，じつは有機化学の場合は，酸化数で考えようとすると，かえってこんがらがってしまうところがあります．この理由は考えだすととても難しく，筆者にはとうてい説明しきれるものではありませんが，端的には，そこでは，酸化数で判断するよりも文字通りに，Oが増える，Hが減る，という傾向を酸化と呼ぶ，と考えておいた方がすっきりします．

　たとえば，

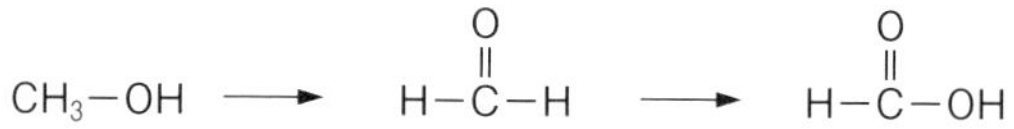

$$CH_3-OH \longrightarrow \underset{\text{ホルムアルデヒド}}{H-\underset{\underset{\displaystyle}{\|}}{\overset{\overset{\displaystyle O}{\|}}{C}}-H} \longrightarrow \underset{\text{ギ酸}}{H-\underset{\underset{\displaystyle}{\|}}{\overset{\overset{\displaystyle O}{\|}}{C}}-OH}$$

メタノール　　　ホルムアルデヒド　　　ギ酸

のように，水素原子が減り，酸素原子が増えれば，酸化が進行したということになります．有機化学では，酸化の概念は本章で見たよりはるかにシンプルです．そのようなことを念頭において，次章を読んでみてください．

第7章 "とりあえずこれだけは"的有機化学
―エンジニアの常識，あるいは，教養としての有機化学―

この章の学習ポイント
① 最も基本的な官能基群の構造と名称を覚えること． ▶ 問題 64, 65
② 有機化合物を形成する化学結合に関する知識を整理すること． ▶ 問題 66-71
③ 「異性体」とは何かを理解し，これに関わる基本的な問題に答えられるようになること． ▶ 問題 72-77

　世の中でふつう「化学の知識」というと，有機化学の内容を指し示していることが多いようです．確かに，テレビのニュースなどで目にする化学物質の名前は，ほとんど有機化合物の名称です．この理由は，筆者のような半素人には簡単には説明できかねますが，思いきっていえば，なにがしかの複雑な性質を示す化学物質は，まずほとんど有機化合物であるというところに原因があると考えてよいでしょう．

　この複雑というのは，いろいろな種類の化学反応に関与しうるという意味です．たとえば，（糖の中では）単純な化学的構造をしているグルコース（ブドウ糖）は，体内に吸収されて生命活動の燃料源になります．もしも私たちの身体がディーゼルエンジンのような熱機関であったとしたら，グルコースを文字通り燃やして活動することも可能でしょうが，もちろんそんなことはありません．グルコースは数多くの種類の化学物質に変化しながら生体へエネルギーを供給することが知られています．原油や石炭も無数の有機化合物の混合物で，それがゆえに燃やすだけではなく，いろいろな使いみちがあります．

　正直なところ，有機化学というのは，それを専門にして最低でも数年間は専念しなくては，到底いっぱしの使い手にはなれないというのが現実です．"有機化学"は，無限の数の項目を包含する総称のようなもので，有機化学そのものを全般的に知識として修めるというのはまず不可能です．そこでこの章では，有機化学の話題を一般的なレベルで理解できるように，ごく基本的なアイテムを頭に入れることに狙いを定めましょう．

第7章 "とりあえずこれだけは"的有機化学

　化学という分野全般に，数学，物理学，あるいは外国語のようなはっきりとした「ツール的な知識としての性格」が見えづらいので，どこまでやっておけばよいのか，充分であるのか，という点を明確に提示することはできないのですが，筆者の経験からいえば，高等学校の教科書によりカバーされる範囲をだいたい理解・記憶しておけば，（化学の専門的研究者になろうというのでなければ）そのつど必要に応じて個別の知識を仕入れることはできますし，現代的な化学技術をトピックとしてフォローしていくことは充分可能であると考えられます．その意味では，高等学校の（有機）化学の履修範囲というのは，現代的な教養としては決してあなどれないものです．

　重ねていうと，個別の知識として有機化学をどの範囲まで勉強しておくべきかは悩ましい問題です．ただ，一般的にいって，最初に最低限の個別的な知識を覚えこみ，「こういう反応や化合物はありえそうだ／ありえなさそうだ」という初歩的なパターンの認識ができるようになっておくことが大事でしょう．たとえば，ナトリウムの単体金属は灯油に浸けていても大丈夫だが，アルコールに浸けてはいけない，といった基本的な感覚はとても重要です．そのためには，わりあいに広い範囲をまんべんなくカバーしている高等学校課程の有機化学をていねいに復習しておくのはかなり有効です．

　概観する限り，センター試験に出題されてきた問題群は，必要最低限の有機化学領域の知識の確認にはたいへん有用だと思います．筆者自身，ここにある出題内容に，そのつど必要な知識を上乗せするくらいで，日々なんとかなっている部分は大きいように感じています．反面，もしもこの程度の知識も仕入れないままでいると，諸領域の専門家のアドバイスを受けるのにもひと苦労するばかりか，下手をするとアドバイスを拝聴する立場にさえなれず，門前払いされてしまうこともありえます．

　学生のうちならいざ知らず，知識や情報をスムースに仕入れるだけの基礎的な科学的教養が不足している場合に，それをわざわざそのつどフォローしてくれるほど世の中は親切ではありません．自助努力で基礎を固めましょう．端的にいえば，情報を提供してくれる有識の人に「この人，何も知らなさすぎて，教えるのが面倒だなぁ…」と感じさせてしまっては，命取りになりかねないと

いうことです．

　この章と次の章で取り上げた 27 問が要求する知識がカバーする範囲は，むろん完全に充分とはいえませんが，一般的な理工学上の教養としての一つの「ミニマム・ライン」は示していると思います．かつて勉強した内容も，入試が終わればすっかり忘れてしまう人も多いでしょう．また，近年は推薦入学など，受験勉強期間を経なくてもさらなる勉学を続けられる機会が整備されてきていて，そういう新しいシステムを利用する人の割合は今後も減ることはないでしょう．しかし，ここにあげた内容は一度はぜひ学んでおいてほしいと思いますし，またせっかく一度学んだのであれば，ぜひ忘れずにいてほしいとも思います．

　また，理科系の皆さんは無論のこと，これから高度に技術化され多くのテクノロジー上の問題をはらんだ現代の世界で活躍しなくてはならない文科系専攻の皆さんも，「これくらいのことは聞いたことがある」という感触があれば，人生の中でなにがしかの恩恵を受ける機会はきっとあると思います．

§7-1　有機化学の基本パーツとしての官能基

　有機化学といえば，化学名が次から次へと現れてくるというイメージが色濃いでしょう．まず最初に，代表的なパーツの名称を覚えておくことが先決です．

問題 64 次の三つの有機化合物の破線で囲まれた結合や官能基 a〜c の名称として最も適当なものを，下の ①〜⑧ のうちから一つずつ選べ．

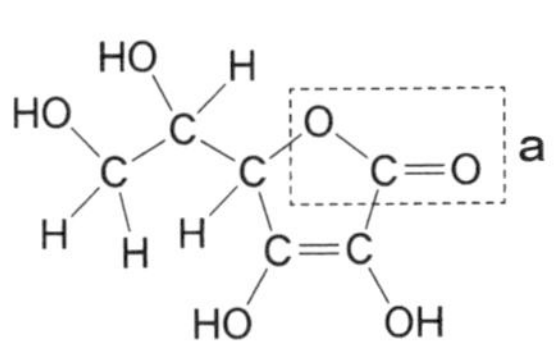

ビタミンC

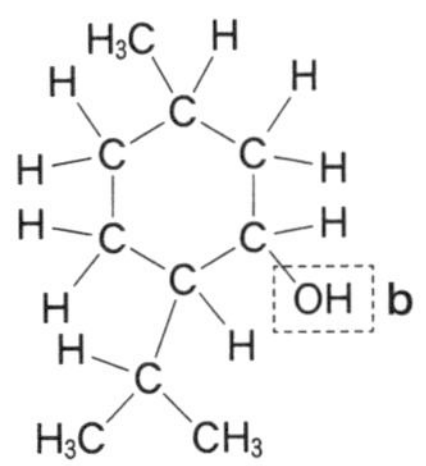

ハッカの香味成分

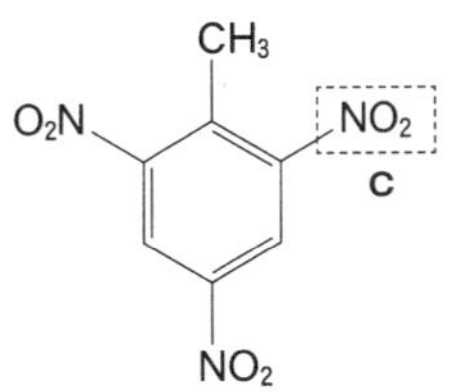

爆薬の一種

第7章 "とりあえずこれだけは" 的有機化学

① アミノ基 ② アルデヒド基（ホルミル基） ③ エステル結合
④ エーテル結合 ⑤ カルボキシ基（カルボキシル基） ⑥ スルホ基
⑦ ニトロ基 ⑧ ヒドロキシ基（ヒドロキシル基）

〔26年度本試験第4問問1〕

解説 ①のアミノ基は名称からしてアンモニア NH_3 に似ていて，$-NH_2$ です．アミノ基とカルボキシ基（$-(C=O)-OH$）を併せ持つ化合物をアミノ酸といい，さらにアミノ酸がつながった高分子がタンパク質（蛋白質）です．

②のアルデヒド基（ホルミル基）は $-(C=O)-H$ です．アルデヒドはカルボニル基（$-(C=O)-$）を有するカルボニル化合物の一つです．

③のエステル（$-(C=O)-O-$）は，酸とアルコールが脱水縮合してできる化合物で，カルボン酸とアルコールのペアでできるものが最も代表的です．エステルもカルボニル結合をエステル結合部に有していますから，当然カルボニル化合物の仲間です．

④のエーテル結合は $-O-$ です．

⑤のカルボキシ（ル）基は $-(C=O)-OH$ で，これももちろんカルボニル化合物です．また，アルデヒド基が酸化されて酸素が一つ増えるとカルボキシ基になるということは必ず覚えましょう．

⑥のスルホ基は $-SO_3H$ で，見るからに硫酸 H_2SO_4 の一部分に見えますね．H_2SO_4 から $-OH$ を一つ引き抜くとスルホ基になります．スルホ基の水素は容易に H^+ になるので，スルホ基が付いた化合物は水に溶けたときにはかなり強い酸（スルホン酸）としての性質を発揮します．

⑦のニトロ基は，いわばスルホ基の硝酸バージョンで，HNO_3 から $-OH$ を引き抜くと $-NO_2$ となり，ニトロ基になります．ニトロ基が付いた化合物はスルホ基が付いた化合物とは異なり酸性は示しませんが，爆発性のある化合物になる傾向があります．ここに出てくる2,4,6-トリニトロトルエンはTNT火薬と呼ばれるたいへん強い爆薬です．ダイナマイトの火薬もニトログリセリンですね．ちなみにこちらはグリセリンと硝酸からできるエステル化合物です．

⑧のヒドロキシ基はよく知られた $-OH$ です．以上のことから，a，b，cは

それぞれ ③ エステル結合，⑧ ヒドロキシ基，⑦ ニトロ基です．

再確認までに，もう一つ，やってみましょう．（これは秒殺で片付けてください．）

問題65 次の三つの化合物の破線で囲まれた官能基 a～c の名称として最も適当なものを，下の ①～⑥ のうちから一つずつ選べ．
① スルホ基　　② アルデヒド基（ホルミル基）　　③ ニトロ基
④ アミノ基　　⑤ カルボキシ基（カルボキシル基）
⑥ ヒドロキシ基（ヒドロキシル基）

〔25年度本試験第4問問1〕

解説 ① は $-SO_3H$（スルホ基），② は $-(C=O)-H$（アルデヒド基），③ は $-NO_2$（ニトロ基），④ は $-NH_2$（アミノ基），⑤ は $-(C=O)-OH$（カルボキシ基），⑥ は $-OH$（ヒドロキシ基）ですから，a = ②，b = ⑤，c = ④ です．右端の化合物の名称はアニリンです．アニリンはその専門製造メーカーがあるくらい重要な中間化学製品ですので，覚えておきましょう．

アニリン（← 慣用名）は真正直に命名すればフェニルアミンとでも呼ぶべきであり，確かにその名称は IUPAC 名（IUPAC = International Union of Pure and Applied Chemistry）という正式な化学名なのですが，まったく普及していません．化学物質にはそのような例は多々あり，ちょっとややこしいところです．（たとえば酢酸の慣用名は acetic acid ですが，IUPAC 名は ethanoic acid（エタン酸）です．しかし，筆者はこの正式名称を実際に使っている人に会ったことがありません！）

§7-2 有機化学の最も基本的な事項の確認

次に，有機化合物についての最も基本的な事項群を確認してみましょう．

第7章 "とりあえずこれだけは"的有機化学

> **問題 66** 有機化合物に関する記述として下線部が**適当でないもの**を，次の①〜⑤のうちから一つ選べ。
> ① 骨格は，主に炭素原子で構成されている。
> ② 原子間のほとんどの結合は，イオン結合である。
> ③ 官能基を変えると，大きく性質が変わる。
> ④ 直鎖飽和炭化水素の沸点は，分子量が大きいほど高い。
> ⑤ 多くは，水よりも石油やジエチルエーテルに溶けやすい。
>
> 〔26年度追試験第4問問1〕

解説 ①はまさにその通りです．有機化合物が金属塩などの無機化合物と比較して圧倒的に複雑な形態をとりうるのは，炭素原子が4本の手を有することによっています．少々不正確ながら，思いきって単純にいうと，左右上下から異なったものが結合しうるということです．その意味では，炭素と同じ14族のケイ素原子にも4本の手がありますが，その相互位置関係は炭素よりもはるかに硬直で，自由な形はつくれません．このため，シリカガラス（SiO_2）に代表されるように，ケイ素化合物は無機質で単調かつ安定な物質が多くなっています．

②は間違いで，有機化合物を構成する結合はほとんど共有結合です．このため置換反応が起き，$-H$ が $-Cl$ と入れ替わったりします．

③はまさに無論のことです．官能基が有機化合物の性質を決定するといっても過言ではありません．

④もその通りです．沸点はいわば分子同士を引き離すのに必要な熱エネルギーの指標です．分子量が大きくなるほど隣接する分子との接触ポイントが増えますから，一分子全体に作用する分子間力（ファンデルワールス力）は増大し，結果的にそれを引き離すのに必要な熱エネルギーは増加します．直鎖飽和炭化水素であれば，室温では C_4 までは気体，C_{14} までは液体，それ以上は固体，という感じです．

⑤も正しい記述です．まず，「物質が溶解すること」と「極性」の関係を覚えてください．極性が高い物質は極性が高い溶媒に溶けやすく，極性が低い物質

は極性が低い溶媒に溶けやすいのです．いわば，「似たものは似たものを溶かす」ということですね．有機化合物の多くは極性が低く，そのため同じように極性の低い有機溶媒（石油から得られるアルカン，エーテル系溶媒）に溶けやすい傾向があります．一方で，水は極性がきわめて高い溶媒です．（通常のレベルでは，水よりも極性の高い液体はないといってよいでしょう．）水によく溶けるのはイオン化合物などの極性の高い物質です．

　また，同じ分子量でも，極性が高い物質の融点や沸点は高めになります．水の融点や沸点は，分子量18にしては異例に高いと考えてください．

　炭化水素についてのマメ知識を蓄えておきましょう．

問題 67 炭化水素に関する記述として**誤りを含むもの**を，次の①〜⑤のうちから一つ選べ．
① エタン分子では，C-C単結合を軸にして両側のメチル基が回転できる．
② トランス-2-ブテンの炭素原子は，すべて同一平面上にある．
③ アセチレンの水素原子と炭素原子は，すべて同一直線上にある．
④ アセチレン3分子を触媒の存在下で結合させて，ベンゼンをつくることができる．
⑤ 二重結合を一つもつ環式炭化水素の一般式は，C_nH_{2n} ($n \geq 3$) である．

〔25年度本試験第4問問2〕

解説 ① はその通り．C-C単結合は回転自由です．

　② はある程度知識が要りますね．まずトランス-2-ブテンの構造式（示性式）を書いてみてください．

　「ブテン」ですからC_4です．2番目の結合が「エン」ですから$H(CH_3)-C=C$

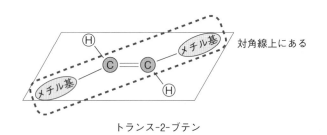

トランス-2-ブテン

第7章 "とりあえずこれだけは"的有機化学

$-H(CH_3)$ です．ここでC=Cの左右両サイドの原子団はトランスに配されていて，2個のメチル基は対角線上にあります．このときメチル基はC=Cという二重結合と同じ平面上にありますから，②の記述は「正」です．

Ⓗ―Ⓒ≡Ⓒ―Ⓗ
←――――→
一直線上にならぶ

③のアセチレンはH-C≡C-Hで，C≡Cの位置関係はいかにも剛直でガチガチです．

その両端に付くHはC≡Cの最もフリーな空間に配されるので，H-C≡C-Hという並びは一直線になります．ちなみに，以前は「アセチレンという慣用名は次第にすたれてIUPAC名のエチンという名称が普及する」と教わったものですが，いっこうにエチンという名称は定着していません．慣用名の方が普及した状態が続くというのは，他の化学種でもたいてい同じのようです．

④は正しい記述です．確かにアセチレンのC_2H_2をそのまま3倍すればC_6H_6ですね．実用的な見地からこれはあまり重要な知識ではないのですが，「多重結合を有する化学種は付加重合を起こす」という一般的な性質を理解するうえでは知っておいて損はないでしょう．

⑤は誤りです．環のない飽和炭化水素がC_nH_{2n+2}ですから，環があればC_nH_{2n}，おまけに二重結合が一つあればさらに2個水素原子が減ってC_nH_{2n-2}となるはずです．

鎖式飽和炭化水素について，少し知識を整理してみましょう．

問題 68 鎖式飽和炭化水素に関する記述として**誤りを含むもの**を，次の①〜⑤のうちから一つ選べ．
① 分子式はC_nH_{2n}で表される．
② 水に溶けにくい．
③ 直鎖状の化合物の沸点は，分子量が大きいものほど高い．
④ 炭素原子の数が4以上の化合物には構造異性体が存在する．
⑤ 炭素原子の数が6以下の化合物には，不斉炭素原子をもつものは存在しない．

〔24年度本試験第4問問1〕

🔍 解説 ①は間違いです．鎖式飽和炭化水素はC_nH_{2n+2}です．C_nH_{2n}になるの

は，飽和炭化水素であれば環が一つあるもの，不飽和であれば鎖式で二重結合が一つだけある場合です．

① が誤りですから ② 以降はすべて正しい記述です．② についていうと，全般的に <u>C と H だけからなる化合物はきわめて水に溶けづらい</u> と考えて間違いありません．問題66⑤で確認した極性の考え方と同じです．

③ は問題66④でみたのとまったく同じで，ごく一般的な傾向です．日常的な例では，ガソリン（$C_5 \sim C_{10}$）に比べて灯油（$C_{10} \sim C_{15}$）が揮発しづらいということが挙げられます．

④ は C_4 以上にならないと分岐ができないことに対応しています．そして，炭素の数が増えるほど，構造異性体の数は爆発的に増加していきます．$C_7 \sim C_8$ くらいまで紙の上に書いて確かめてみてください．

⑤ は，中心のCにH，CH_3，C_2H_5，C_3H_7 を付けたものが不斉炭素原子を有する最小の鎖式飽和炭化水素であることが理解できればよいのです．不斉炭素原子とは，いまはとりあえず，4個のたがいに異なる基が結合した炭素原子のことであるとシンプルに覚えておいてください．では，この化合物の名称を答えてください．（答：3-メチルヘキサン　理由：$C_3 \to C \to C_2$，合計 C_6 というのが最長鎖ですから，「〜ヘキサン」という名前になるはずです．この C_6 鎖を形成する6個の炭素原子のうちの3番目の炭素に残りの $-CH_3$（メチル基）が付きますから3-メチルヘキサンになります．）

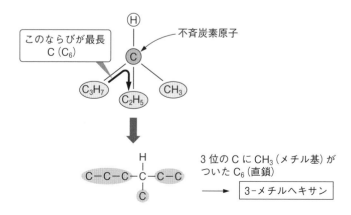

第7章 "とりあえずこれだけは" 的有機化学

次の問題は飽和に必要な水素の物質量の問題です．

問題 69

キク科植物から得られた次の化合物 0.20 mol を，触媒を用いて水素と完全に反応させた．このとき，炭素−炭素間の不飽和結合と反応する水素は何 mol か．最も適当な数値を，下の ①〜⑤ のうちから一つ選べ．

$$CH_3-C\equiv C-C\equiv C-C\equiv C-CH=CH-\underset{\underset{O}{\|}}{C}-O-CH_3$$

① 0.80　② 1.0　③ 1.2　④ 1.4　⑤ 1.6

〔26年度追試験第4問問5〕

解説　まず，炭素鎖に三重結合が三箇所，二重結合が一箇所あります．もしもこの化合物が 1 mol あれば，水素は $2\times3+1\times1=7$ (mol) 添加します．この不飽和化合物が 0.20 mol ありますから，その飽和に必要な水素はその七倍の物質量の 1.40 mol ということになります．

$$CH_3-C\equiv C-C\equiv C-C\equiv C-CH=CH-\underset{\underset{O}{\|}}{C}-O-CH_3$$

2H₂ずつ ×3　＋　H₂ ×1　＝　7H₂ 付加

これはマメ知識に過ぎませんが，この化合物はトランスマトリカリアエステルという，植物由来の化学物質だそうです．確かにエステル結合 (-(C=O)-O-) が含まれていますね．

次は C_6 の環状炭化水素化合物の問題です．C_6 の環状炭化水素の二大代表といえば，シクロヘキサン C_6H_{12} とベンゼン C_6H_6 です．略記ではそれぞれ「六角形」と「六角形と中に○」で似ていますが，性質はかなり異なります．

問題 70

次の記述 ①〜⑤ のうち，シクロヘキサンとベンゼンの**どちらか一方にしか当てはまらないもの**を一つ選べ．

① 環状構造をもつ．
② 水に溶けにくい．
③ 常温 (25 ℃付近)・常圧で液体である．

④ 触媒の存在下で水素が付加する．
⑤ 炭素原子と炭素原子の間の結合の長さはすべて等しい．

〔25年度追試験第4問問3〕

🔍解説 ① が正しいのはいわずもがなですね．シクロというのは cyclo で，これは英語の cycle のことです．ただし，ベンゼン環，芳香環はそれぞれ benzene ring, aromatic ring といって，"ring" であって cycle ではありません．

② も両者について正しい記述です．あえて比べれば，比誘電率（極性）がシクロヘキサンの方が少しだけ低いので，より溶けづらいということになります．

③ は，実物を見たことがある人であれば両者について正しいことは知っているでしょう．常圧下でのシクロヘキサン，ベンゼンの融点はそれぞれ 6.5 ℃，5.5 ℃，沸点は 81 ℃，80 ℃ですから，25 ℃下であれば両者とも液体です．極性と融点は両者間で似通っていますが，密度だけはかなり違います．シクロヘキサンの密度が約 780 kg m^{-3} なのに対してベンゼンは約 880 kg m^{-3} と，一割以上も大きいのです．これはベンゼンの水素原子が少ないことに関係しています．軽い水素の割合が低いということもありますが，ベンゼン分子の C–C 間距離は 0.140 nm で，通常の炭素原子間の単結合の距離 0.154 nm と比較すると一割ほど小さいことも影響します．結果，シクロヘキサンはベンゼンと比較すれば，かなり嵩張っているのです．

④ の水素付加はシクロヘキサンには生じません．ということは，これが答えです．ただし，ベンゼンへの水素付加も，それほど容易には起こりません．（白金触媒などが必要とされます．）ベンゼンはかなり安定な化合物で，付加反応よりは環を囲む水素原子の置換の方が起こりやすいのです．

⑤ は正しい記述です．ベンゼンを構成する炭素原子間の化学結合は，いわば単結合と二重結合の中間のようなものだとよくいわれます．そのこともあり，ベンゼンの略記で一つおきに二重結合と単結合を書く方法には賛否両論あります．現在では，次のページの図に示したような電子の空間分布を模し，六角形のなかに ○ を書いてベンゼン環を表すのが主流です．また，実際そのような表記法で不自由ありません．

第7章 "とりあえずこれだけは"的有機化学

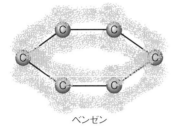

二重結合と単結合が交互にあるわけではなく、六角形のCの枠の上下にぼわっと広がっている感じ（電子雲と呼んだりする）。

ベンゼン

ヒドロキシ基を有する化合物を題材にした類似の問題を見てみましょう。

問題 71

ヒドロキシ基（ヒドロキシル基）をもつ有機化合物に関する記述のうち下線部に**誤りを含むもの**を、次の①〜⑤のうちから一つ選べ。

① 直鎖の第一級アルコールの水に対する溶解度は、炭素原子の数が多くなると、<u>小さくなる</u>。
② アルコールの沸点は、同じくらいの分子量をもつ炭化水素の沸点より<u>高い</u>。
③ アルコールが単体のナトリウムと反応すると、<u>水素が発生する</u>。
④ 第二級アルコールは、酸化されると<u>アルデヒド</u>になる。
⑤ フェノールは、水に溶けると<u>弱い酸性を示す</u>。

〔26年度追試験第4問問4〕

解説 ①はもちろん正しい記述です。Cが増えれば、そのアルコールの極性は小さくなっていきます。つまり、水からその性質が次第に離れていきます。C_3のプロパノールまでは水と相溶です。すなわち、どのような比率でも水と混ざります（溶解度が無限）。C_4のブタノールから溶解度が有限になります。

用語の確認をしておきましょう。

第一級アルコールとは、-OHがC鎖の端に付いている場合です。これに対して、どこか途中のCに付いている場合は第二級アルコールです。第三級は、

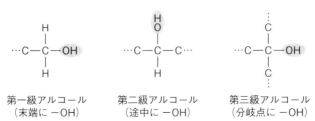

第一級アルコール（末端に -OH）　　第二級アルコール（途中に -OH）　　第三級アルコール（分岐点に -OH）

Cの分岐があるところに-OHが付いている場合です．

第一級アルコールは，酸化されるとその部分がアルデヒド基-(C=O)-Hになります．そしてアルデヒド基は，さらに酸化されるとカルボキシ基-(C=O)-OHになります．第二級アルコールは酸化されると-OHの付いた部分がケトン基-(C=O)-になります．ケトンは全般的にかなり安定な化合物で，それ以上酸化が進むことはあまりありません．そのため，ケトンは有機溶媒として利用されるケースが多いのです．第三級アルコールの場合，-OHが付いているCは，他2個のCにブロックされていて身動きがとれません．このため，第三級アルコールは反応性が乏しく酸化されません．（もちろん，酸素の共存下で加熱すれば燃えて二酸化炭素と水になります．）「酸化されないアルコール」といえば第三級アルコールであると覚えておいてください．

②は正しい記述です．アルコールは-OHを有するので，アルコール分子間には水素結合が形成されます．このため，分子間力は分子量が同程度の炭化水素よりも大きくなります．その結果，沸点も高くなります．

③も正しい記述です．エタノールを例にすると，この反応は，

$$2CH_3-CH_2-OH + 2Na \rightarrow 2CH_3-CH_2-ONa + H_2\uparrow$$

です．この反応は中和反応ではなく，酸化・還元反応であることに注意しましょう．CH_3-CH_2-ONa はナトリウムエトキシド（ナトリウムエチラート）と呼ばれます．

④は間違いですね．<u>第二級アルコールは酸化されるとケトンになります．</u>

⑤は正しい記述です．少し難しい話ですが，<u>ベンゼン環は概して電子をその中へ吸い込みやすいのです．</u>そのため，末端の水素原子の電子は強くフェニル基（$-C_6H_5$）方向へ引っぱられます．こうして，フェノールの-OHの中ではOとHの間に割れ目が入りやすいのです．電子を吸い取られたHはH^+となり放出されますから，フェノールの水溶液は酸性を示します．ただしその酸と

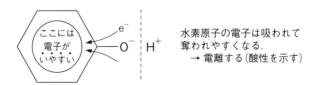

第7章 "とりあえずこれだけは"的有機化学

しての性質はかなり弱いものです．（カルボン酸，炭酸よりも弱いということを覚えておきましょう．）

§7-3 異性体あれこれ　－有機化学では原子の並び方が重要－

次は異性体についての知識を身に付けましょう．

問題 72　有機化合物の異性体に関する記述として**誤りを含むもの**を，次の①～⑤のうちから一つ選べ．
① フタル酸とテレフタル酸は，構造異性体の関係にある．
② マレイン酸とフマル酸は幾何異性体（シス-トランス異性体）の関係にある．
③ 2-ブテンには幾何異性体（シス-トランス異性体）が存在する．
④ 2-プロパノールには光学異性体が存在する．
⑤ 乳酸には光学異性体が存在する．

〔24年度本試験第4問問2〕

解説　① は「幾何異性体」と「構造異性体」の差異がわかっているかという話です．フタル酸はベンゼン環に二つのカルボキシ基が付いた二価のカルボン酸で，それらの二つのカルボキシ基が隣り合っていればフタル酸，一つあいていればイソフタル酸，二つあいていればテレフタル酸です．これらは原子団のつながりかたが異なっているので，構造異性体です．一方で，幾何異性体というのはシス-トランスの異性体のペアのことです．（ちなみに最近は，幾何異性体という用語の使用を推奨しないという向きもあるようです．より指示的な"シス-トランス異性体"という用語がポピュラーになりつつあります．）

② のマレイン酸とフマル酸は互いに幾何異性体です．マレイン酸がシス，フマル酸がトランスの配座です．

筆者は昔，「増し太（<u>マ</u>レイン酸が<u>シ</u>ス，<u>フ</u>マル酸が<u>ト</u>ランスで，マシフト）」と強引に覚えました．シスのマレイン酸はカルボキシ基を片側に二つかためて持っていますから，そこから H_2O が一つぶん抜けると無水マレイン酸になります．対照的に，フマル酸は，互いに離れた2個のカルボキシ基からは水分子

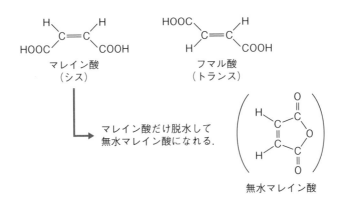

がとれないため，無水物にはなりません．

③の2-ブテンの分子の形を正しく書けるでしょうか？　まず，ブテンですからCは四つ一直線に並んでいます．2-ということは，二重結合があるのは二番目と三番目の炭素原子の間です．すると H(CH₃)-C=C-H(CH₃) と書けます．炭素-炭素二重結合をはさんでそれぞれの側に水素原子とメチル基が一つずつ付いていますから，シス-トランスの異性体のペアになります．

シスはアルファベットでは cis と書きます．本当かどうかわからないのですが，cis はハサミ（scissors）のことで，ハサミのある生き物といえばカニだ，カニのハサミは胴体に対して上だけに付いているだろう，あの位置関係をシスというと考えておけば覚えやすいだろう，と教わったことがあります．

カニのハサミは片（上）側にある…

じつはこの部分を書くにあたってこのエピソードの真偽を調べてはみたのですが，結局わかりませんでした．しかし覚え方としては文句なしに便利でよいと思います．

④もまず分子構造を把握しましょう．メインの部分がプロパノールですから，これは C_3 一直線の並びです．さらに2-ということは，真ん中のCにヒドロキシ基が付いているはずです．よって，$CH_3-C(OH)H-CH_3$ です．これが不斉炭素原子を持っていないのは明らかでしょう．不斉炭素原子を持たない

化合物は光学異性体（鏡像異性体）ではないので†，④の記述は誤り，つまり④が正答です．

⑤は乳酸分子に不斉炭素原子があるか否かということです．乳酸は，センターのCにH, CH_3, OH, COOHが付いた構造をしています．ということはこのセンターのCは不斉炭素原子で，乳酸には光学異性体（鏡像異性体）があることになります．

問題73

有機化合物の構造異性体に関する記述として下線部に**誤りを含むもの**を，次の①〜⑤のうちから一つ選べ．
① ジクロロメタン（CH_2Cl_2）には，二つの構造異性体がある．
② エタンの水素原子の２個を塩素原子２個で置き換えた化合物には，二つの構造異性体がある．
③ C_4H_{10}で表される化合物には，二つの構造異性体がある．
④ ジメチルエーテルとエタノールは，互いに構造異性体である．
⑤ 酢酸とギ酸メチル（エステルの一種）は，互いに構造異性体である．

〔26年度本試験第4問問2〕

解説 ①はメタンCH_4の水素原子2個をClで置き換えたものです．ジクロロメタンは四面体構造をしていて，その中のいくつをClで取り替えたとしても，くるりと回せば同じものになります．よって構造異性体はありません．つまり，①が正答です．

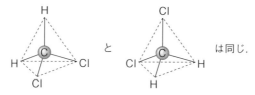

と は同じ．

② はClを片側の炭素にかためるか，1個ずつ分けるかの違いです．

③ は水素の数が炭素の数nの二倍足す二（$2n+2$）になっていますから，目いっぱいに水素原子が付いた環のない飽和炭化水素（アルカン）です．炭素が

---

† 厳密には「不斉炭素原子を持つ」からといって，「光学異性体」であるとは限らないのですが，一般的にはこの理解で問題ありません．

4個ありますから，これを一直線に並べるか（C-C-C-C），1個だけ分岐させるか（C-C(-C)-C），という2種類の並べ方があるので，構造異性体は二つあることになります．

④は酸素原子の隣に水素原子がきているか炭素原子がきているかの違いです．-C-O-H ならばアルコールですが，左右ともにCであればエーテルです．このように，エーテルは常にアルコールと互いに構造異性体の関係にあります．

⑤も書いてみればわかります．酢酸は $CH_3-(C=O)-OH$，ギ酸メチルは $H-(C=O)-O-CH_3$ ですから互いに構造異性体です．ギ酸は「カルボン酸かつアルデヒド」という条件を満たすただ一つの（カルボニル）化合物です．

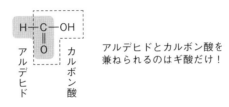

アルデヒドとカルボン酸を兼ねられるのはギ酸だけ！

もう一つ，異性体についての小問です．

問題 74

有機化合物の異性体に関する記述として**誤りを含むもの**を，次の①～④のうちから一つ選べ．

① 分子式 $C_2H_2Cl_2$ の化合物の異性体には，シス形，トランス形に分類されるものが存在する．
② 分子式 C_3H_4 の化合物の異性体には，三重結合をもつものが存在する．
③ 分子式 $C_4H_{10}O$ の第三級アルコールには，光学異性体は存在しない．
④ ベンゼンの水素原子のうち四つを塩素原子で置換した化合物は，4種類存在する．

〔24年度追試験第4問問2〕

解説 ①はおなじみのパターンです．まずは真ん中に C=C があり，その両サイドに2個のHと2個のClを分けます．片側に1個ずつ分ければ $HCl-C=C-HCl$ となり，そうでなければ $H_2C=CCl_2$ です．これがシス-トランスの

第7章 "とりあえずこれだけは" 的有機化学

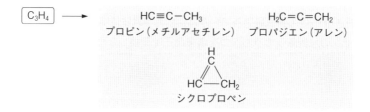

異性体になりうることは明らかです．よって①の記述は正しいのです．

②はC_3H_4がまずC_nH_{2n-2}になっていることに気づきましょう．これはアルキンの一般式ですから，異性体の中には三重結合を持つものが必ずあります．したがって，②は正しい記述です．では，構造を考えてみてください．Cは三つだけですから分岐はありえません．ということは，プロ…という名称です．炭素原子間の隙間は二つだけですから，三重結合の位置は確定しています（$C\equiv C-C$）．よってこの化合物はプロピンです．ただし，アセチレンの水素原子をメチル基で置換した構造ともいえます．このことから，慣用名のメチルアセチレンという名称の方がポピュラーなようです．この他にはどのような異性体が考えられるでしょうか．水素の数は，(1) 二重結合一つで2個減少，(2) 環構造一つで2個減少します．これらを組み合わせると，二重結合を2個持つプロパジエンと，二重結合1個と環1個を持つシクロプロペンが書けるはずです．

③の構造をまずはっきりさせましょう．第三級アルコールでC_4ですから，Cが真ん中にあり，それに三つのCがまず付きます．そして残ったところに

ヒドロキシ基が付くのです．よってその構造は$CH_3-C(CH_3)_2-OH$となります．真ん中の炭素原子には同じメチル基が三つも付いていますから，これが不斉炭素原子になるはずはありません．

④については，真正面から考えるよりも，塩素原子で置換されていない側（→ 残り 2 個）の位置を考えた方が得策です．ベンゼンには水素原子が六つありますから，四つを塩素原子で取り替えれば，二つだけが水素原子として残ります．こうなると，水素原子の配置の仕方はオルト，メタ，パラの 3 種類ですから，構造異性体が 3 種類あるということになり，④の記述内容は間違いということになります（④が正答です）．3 種類の異性体の名称を答えてみましょう．まず，4 個の塩素がもともとあった水素原子を置換していますから，テトラクロロベンゼンです．ベンゼンに入る四つの塩素を入れる位置は，1,2,3,4-，1,2,3,5-，1,2,4,5- の三通りです．（ベンゼン環の水素原子を三つの塩素原子で置換する場合の異性体の数と，それぞれの名称も考えてみてください．）
（答：1,2,3-，1,2,4-，1,3,5- の三通りのトリクロロベンゼン）

1,2,3,4-
テトラクロロベンゼン

1,2,3,5-
テトラクロロベンゼン

1,2,4,5-
テトラクロロベンゼン

次は多重結合についての基本的な問題です．

問題 75 分子式 C_4H_6 で表される炭化水素の構造異性体のうち，炭素－炭素三重結合を一つ含むものはいくつあるか．最も適当な数を，次の①〜⑤のうちから一つ選べ．
① 1　② 2　③ 3　④ 4　⑤ 0

〔26 年度追試験第 4 問問 2〕

⊕ 解説 もし C_4 の鎖式炭化水素が飽和していれば C_4H_{10} になるはずですね．分子式が C_4H_6 ですから，何らかの理由で水素原子が 4 個減るような状況をす

第7章 "とりあえずこれだけは"的有機化学

べて挙げてみましょう．水素原子の数を減らすポイントは，(1) 二重結合一つで2個減少，(2) 環一つで2個減少，(3) 三重結合一つで4個減少，の三点です．三重結合は一つあればそれだけでC_4H_6になるのです．あとは並び方の問題です．

まず一直線に並ぶ場合を考えましょう．C≡C-C-CもしくはC-C≡C-Cだけですね．分岐がある場合はありえるでしょうか？　C≡C-Cの真ん中のCにメチル基を付けることは，結合手が5本になってしまいますからできません．よって三重結合を含む構造は二通りしかありません（正答は ② です）．ちなみに，二重結合が二箇所含まれるケースは二通りあります．また，4個のCが環になり，二重結合が一つできればC_4H_6です．

3個のCが三角形の環を作り，それに1個のCが付く場合，C_4H_6は三通りあります．さらに，三角形の環を二つくっつけた形が一通りありますので，合計で異性体は9種類できます．自分で紙上に書いて確かめてみてください．

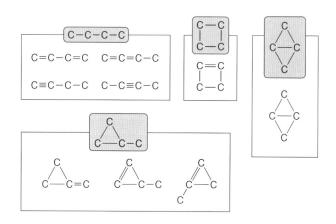

次は不斉炭素原子（付いている四つの基がすべて互いに異なる炭素原子）の有無を辛抱強くチェックする問題です．一回だけでよいので，鉛筆で紙に書きながら探してみてください．光学異性体（キラル）にまつわる理論はじつはかなり難解なので，専門家でもない限り詳細を事細かに覚える必要はありませんが，「不斉炭素原子がある ⇔ 光学異性体の対ができる」という対応的事実関係自体は記憶しておきましょう．

問題 76

不飽和炭化水素に水素を完全に付加したとき生成物が不斉炭素原子をもつものを，次の ①〜⑤ のうちから一つ選べ。

① CH₃-C=C-C-C=C-CH₃ (H上, CH₃上, H下, H下, H下)

② CH₃-C=C-C-C≡C-CH₃ (H上, CH₃上, H下, H下)

③ CH₃-C=C-C-C≡C-H (H上, CH₂-CH₃上, H下, H下)

④ CH₃-C=C-CH₂-C=CH₂ (CH₃上, H下, CH₃下)

⑤ CH₃-C=C-C≡C-H (CH₂-CH₃上, CH₃下)

〔25年度追試験第4問問2〕

解説 ① は水素付加で飽和すると CH₃-CH₂-CH₂-CH(CH₃)-CH₂-CH₂-CH₃ です．水素原子が二つ以上付いている炭素原子は不斉炭素原子にはなりえないので除外されます．候補は端から四番目の炭素（四位の炭素）だけですが，これにはプロピル基が二つ付いていますから，この化合物は不斉炭素原子を有していないことになります．

② は水素で飽和すると ① のそれと同じですから，不斉炭素原子を有しません．ちなみに上記の C₈ アルカンの名称は何でしょうか？　最長の C 鎖が C₇，四位の炭素にメチル基が付いていますから，4-メチルヘプタンとなります．（C₈ でもオクタ… とはならないことに注意しましょう．）

③ は水素で飽和すると CH₃-CH₂-CH₂-CH(-CH₂-CH₃)-CH₂-CH₃ です．三位の炭素からエチル基が分岐しています．結局，三位の炭素にはエチル基が二つ付いていますから，これは不斉炭素原子ではありません．この化合物の名称は 3-エチルヘキサンです．

④ は水素で飽和すると CH₃-CH₂-CH(CH₃)-CH₂-CH(CH₃)-CH₃ になります．四位の炭素（上の示性式の左から三番目の炭素）が不斉炭素原子になり

第7章 "とりあえずこれだけは"的有機化学

ますから④が正答です．この化合物の名称を考えてみてください．2,4-ジメチルヘキサンです．⑤を水素で飽和した化合物には不斉炭素原子はありません．確かめてみてください．この飽和炭化水素の名称は 2-メチル-3-エチルペンタンです．名称も確かめてみてください．

前に見た問題とたいへんよく似ていますが，注意力アップのためもう一度だけやってみましょう．この問題については，目の馴れを意識して，スピーディに該当化合物を見つけるようにしてみてください．

問題 77

有機化合物 A は不斉炭素原子をもつが，水素を付加した生成物は不斉炭素原子をもたない．化合物 A の構造式として最も適当なものを，次の①〜⑥のうちから一つ選べ．

① $CH_3-CH(CH_2OH)-CH=CH-CH_3$

② $CH_3-CH(CH_2OH)-CH_2-CH=CH_2$

③ $CH_3-CH_2-CH(CH_2OH)-CH=CH_2$

④ $CH_3-C(OH)(CH_3)-CH_2-CH=CH_2$

⑤ $CH_3-CH(OH)-C(CH_2-CH_3)=CH_2$

⑥ $CH_3-CH(OH)-CH=CH-CH_2-CH_3$

〔24 年度追試験第 4 問問 3〕

解説 まず，④以外の①から⑥までのすべての化合物は不斉炭素原子を有することを確認してください．この中で，分岐箇所の左右で炭素原子の数が相等しい場合が答えの候補です．③だけが残ります．よって正答は③です．

では，③が水素で飽和した後の化合物の名称を答えてみましょう．この化合物にはヒドロキシ基が付いていますからアルコールです．ヒドロキシ基が付いたラインで炭素原子の数を数えると，一位の炭素にヒドロキシ基が付いて 4 個ですから，1-ブタノールです．この 1-ブタノールの二位の炭素原子にエチル基が付いているので，2-エチル-1-ブタノールになります．（1 は省略できるので，2-エチルブタノールでも正答です．）

第8章 "とりあえずこれだけは"的 有機化学反応

この章の学習ポイント

① 有機化学における最も基本的な反応の例群を理解し，記憶すること．
▶ 問題 78-81, 84

② 有機化合物が関わる基本的な反応における化学量論関係を理解すること．
▶ 問題 80, 81, 86, 90

③ ベンゼン環がかかわる反応のうち，最も基本的な例を理解すること．
▶ 問題 82, 85-90

④ 有機化合物の合成経路の最も基本的な例を理解すること．
▶ 79, 83, 87, 90

§8-1 最も基本的な有機化学反応を知っておこう

30秒で片付けてみてください．

問題 78 図は，エチレン（エテン）を出発物質とする反応経路を表したものである。化合物Aと化合物Bの組合せとして最も適当なものを，下の①〜⑥のうちから一つ選べ。

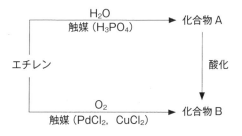

第 8 章 "とりあえずこれだけは"的有機化学反応

	化合物 A	化合物 B
①	酢　酸	アセトアルデヒド
②	酢　酸	エタノール
③	アセトアルデヒド	酢　酸
④	アセトアルデヒド	エタノール
⑤	エタノール	酢　酸
⑥	エタノール	アセトアルデヒド

〔24 年度本試験第 4 問問 6〕

解説 エチレン（エテン）$H_2C=CH_2$ に水 H_2O が付けば CH_3-CH_2OH（エタノール）になります．よって化合物 A はエタノールです．エタノールは第一級アルコールなので，酸化されればアセトアルデヒドを経て酢酸になります．となると，正答は ⑤ もしくは ⑥ です．問題の図中の下の経路に示されたような，金属塩化物触媒の共存下においてエチレンなどのアルケンを酸素存在下で酸化するとアセトアルデヒドなどのカルボニル化合物が生成する，というタイプの反応はワッカー酸化（またはヘキスト・ワッカー酸化）といいます．よって答えは ⑥ です．（これはたんにひとつの知識として頭に入れておけばよいでしょう．）ワッカー酸化はカルボニル化合物を製造するために工業的に広く用いられています．これは，あまり日常生活ではなじみがない金属パラジウムがじつはたいへん利用価値が高いことの一例です．

次は，三重結合を有する不飽和炭化水素のアセチレン（エチン）への水付加を出発点とする反応群の理解の問題です．三重結合を有しますから，付加反応が起こります．

問題 79 図の反応経路図中の化合物 A～C として最も適当なものを，下の ①～⑥ のうちから一つずつ選べ。

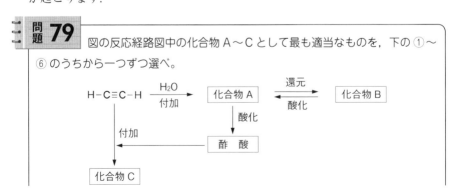

① CH₃-CH₂-OH　　　　　　② CH₃-C-H
　　　　　　　　　　　　　　　　‖
　　　　　　　　　　　　　　　　O

③ CH₃-C-O-C-CH₃　　　　　④ CH₃-CH₂-O-C-CH₃
　　‖　　‖　　　　　　　　　　　　　　　‖
　　O　　O　　　　　　　　　　　　　　　O

⑤ CH₂=CH-O-C-CH₃　　　　⑥ CH₃-CH₂-O-CH₂-CH₃
　　　　　　‖
　　　　　　O

〔25年度追試験第4問問4〕

解説　まず化合物 A が何であるかを考えましょう．アセチレンの三重結合のうちの一つが開裂し，水が付加すると，真正直に考えれば H(OH)-C=C-H₂ ができます．これは「二重結合を有するアルコール」ということで，ビニルアルコールといいますが，安定な化合物ではありません．C に O が結合する仕方としては，じつは C=O が安定な候補です．すると生成物は自動的に CH₃-(C=O)-H（アセトアルデヒド）になります．アルデヒドを還元すれば第一級アルコール，酸化すればカルボン酸，というのは必ず覚えてください．すると化合物 B はエタノールです．酸化されてできるカルボン酸は問題中に書いてある通り，酢酸です．

酢酸がアセチレンに付加する場合，酢酸分子のどこかに切れ目ができなくてはなりません．酢酸は弱くても酸ですから，水素イオン H⁺ を出します．よって，酢酸の切れ目はそこに入りやすいのです (CH₃-(C=O)-O- と -H の間)．

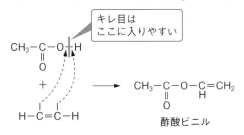

アセチレンの三重結合のうち，一つが開裂してこれと結合すれば H₂-C=CH (-O-(C=O)-CH₃) となります．ビニル基 H₂C=CH- がありますから，この化合物はビニル化合物です．なおかつ，酢酸が付いていますから，これは酢酸ビニルといわれます．酢酸ビニルは重合すると，さらにポリ酢酸ビニルになります．（化学式を書いてみましょう．）

第8章 "とりあえずこれだけは"的有機化学反応

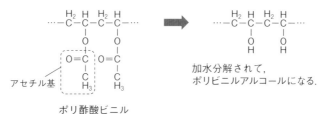

ポリ酢酸ビニルを加水分解すると，-(C=O)-CH₃（アセチル基）が-Hへと変わります．これはいわば直鎖アルコールの高分子で，化学名をポリビニルアルコールといいます．これは非常に水を吸う能力が高く，さらにいったん吸収された水は容易には脱離しないため，紙おむつなど，水漏れを避けたい場面で広く重宝されています．答えをまとめると，A，B，Cはそれぞれ ② アセトアルデヒド，① エタノール，⑤ 酢酸ビニルとなります．

次はエステルの生成反応です．エステルは酸とアルコール（フェノールなどの類似構造の化合物も含む）が脱水縮合してできた化合物です．むろん種類は無数にありますが，最も代表的なエステル化合物はカルボン酸と低級アルコール（メタノール，エタノールなど）からできています．

炭素数が小さいカルボン酸と，低級アルコールから生成されるエステル化合物は，特徴的な芳香があります．果実のにおいがエステル由来であることがよく知られています（← バナナなど）．

問題 80

酢酸エチルは濃硫酸を触媒として酢酸とエタノールから合成できる．酢酸 2.0 mol とエタノール 8.0 mol を反応させたところ，酢酸エチル 88 g が得られた．酢酸の何 % が酢酸エチルに変化したか．最も適当な数値を，次の ①〜⑥ のうちから一つ選べ．

① 42 ② 44 ③ 50 ④ 83 ⑤ 88 ⑥ 100

〔25年度本試験第4問問7〕

🔍解説 酢酸,エタノールにはそれぞれカルボキシ基,ヒドロキシ基が一つずつありますから,反応量論比(反応に必要とされる物質量比)は1:1です.よって原則的には酢酸の物質量である2.0 molまで酢酸エチルが生成してもよいのですが,実際はそこまでは反応が進みきってくれなかったということです.酢酸エチルの構造式は紙に描いて確かめてみてください.カルボン酸からできるエステルの場合,エステル結合は−(C=O)−O−となるはずです.(これもカルボニル化合物ですね.−(C=O)−は一度できるとなかなか壊れません.)酢酸エチルの分子量が88であることを確かめてください.88 gの酢酸エチルができたということは,酢酸エチルは1 molだけ生成したことになります.つまり,2 molの酢酸のうち50%だけが酢酸エチルへ転化したということです(③が正答).ちなみに,この反応では濃硫酸の添加が効果的です.なぜ濃硫酸なのでしょうか? 考えてみてください.(答:エステル生成では脱水が起こります.濃硫酸は脱水作用が強いのです.)

次は油脂の化学量論の問題です.まず油脂とは何か,覚えてしまいましょう.直鎖のカルボン酸のことを脂肪酸といいます.これがグリセリン(グリセロール)という三価のアルコールに脱水縮合してエステル(トリグリセリド)になったものが油脂です.グリセリンは直鎖状に三つ並んだCに一つずつ−OHが付

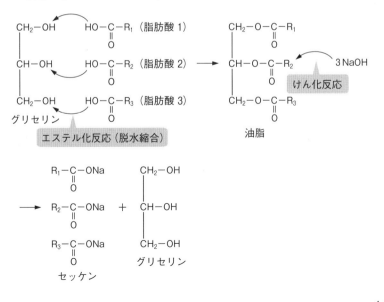

いたもので，最も代表的な三価のアルコール（トリオール）です（$H_2(OH)C-CH(OH)-CH_2(OH)$）．よって，1 mol のグリセリンには 3 mol の脂肪酸がエステル化反応をして油脂の分子ができることになります．逆にいうと，1 mol の油脂分子を構成している脂肪酸は全部で 3 mol です．そして，水酸化ナトリウム（式量 40）は一価の塩基ですから，3 mol 分の脂肪酸をけん化（鹸化）するには，同じく 3 mol の水酸化ナトリウムが必要です．

では問題を見てみましょう．

問題 81

一種類の飽和脂肪酸のみからなる油脂 44.5 g をけん化するためには，6.00 g の水酸化ナトリウムが必要であった．この油脂の分子量として最も適当な数値を，次の①〜⑥のうちから一つ選べ．

① 284 ② 297 ③ 445 ④ 593 ⑤ 890 ⑥ 1190

〔25 年度追試験第 4 問問 7〕

解説 6.00 g の水酸化ナトリウムの物質量は $(6.00/40)$ mol ですから，対応する油脂の物質量はその三分の一の $(2.00/40)$ mol です．そしてこの質量が 44.5 g なので，油脂の分子量を Mw とすれば $Mw \times (2.00/40) = 44.5$ (g) となります．よって正答は⑤の 890 です．

しばしば指摘されるように，油脂は摂り過ぎが少し気になる栄養素ですね．常温で液体の場合は脂肪油，固体の場合は脂肪と呼ぶことが多いようです．生体内にある油脂の多くは，炭素数が 16 か 18 の脂肪酸（直鎖カルボン酸）からなっています．直鎖の C_{16}，C_{18} のカルボン酸はそれぞれパルミチン酸，ステアリン酸と呼ばれ，最も代表的な高級脂肪酸です．高級脂肪酸というのは，脂肪酸のなかでも炭素原子の数が大きめのものを指します．

また，油脂が消化されるときは膵臓からでる酵素（リパーゼ）のはたらきによりグリセリンと脂肪酸へ加水分解されます．

次の問題はベンゼン環にまつわる最も基本的な性質に関わっています．

問題 82

付加反応が進行するものを，次の①〜⑤のうちから一つ選べ．

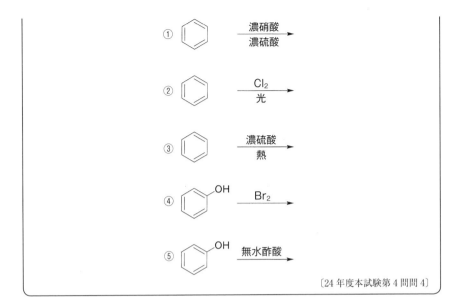

〔24年度本試験第4問問4〕

Q 解説 この問題を考えるうえでの基本原理は，ベンゼン環自体はきわめて安定で強固な化学構造で，容易には壊されないということです．この理由を本格的に説明するのはかなりたいへんなのでごくおおざっぱに説明します．第7章問題70の解説に示した「電子雲」(p.128) をながめてみてください．六角形の炭素原子骨格の上下にぽわっと6個の電子がひろがっています．（この電子をπ電子といいます．）このひろがり具合は電子にとってかなりいごごちのよい形態なのです．このため，外からほかの分子などが接近しても，ベンゼン環から電子がはみ出して新たな化学結合をつくるということがなかなか起きません．とりわけπ電子の個数が $4n+2$（n は自然数）のときにこの「いごごちのよい状態（安定性）」がハッキリと現れます．これを $4n+2$ ルール，あるいはヒュッケル則といいます．そしてこの $4n+2$ ルールの充足のもとでの環構造の安定性を芳香族性と呼ぶのです．（芳香，という語が印象的なのでついつい良いにおい，と連想してしまうのですが，ベンゼン環を含む物質が良いにおいを示す，というわけではありません．）この安定性のため，ベンゼンは付加反応が起こりにくく，基本的に置換反応が起こりやすいのですが，② だけが例外です！ これだけは付加反応が起こり，シクロヘキサンの12個の水素のう

第8章 "とりあえずこれだけは"的有機化学反応

① ニトロ化

C₆H₅-H + HNO₃ ⟶ C₆H₅-NO₂ + H₂O
　　　　　　　　　　　　　　　　　脱水
　　　　　　　　　　　　　　　　（濃硫酸の助けによる）

③ スルホン化

C₆H₅-H + H₂SO₄ ⟶ C₆H₅-SO₃H + H₂O
　　　　　　　　　　　　　　　　　　脱水
　　　　　　　　　　　　　　　　　（濃硫酸の助けによる）

④

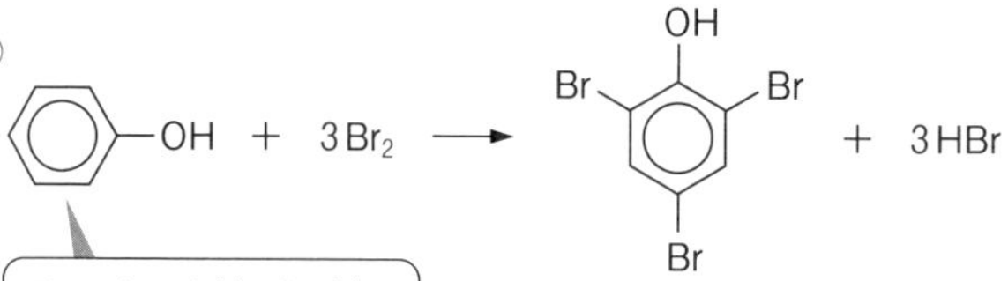

C₆H₅-OH + 3Br₂ ⟶ 2,4,6-トリブロモフェノール + 3HBr

> フェノールはベンゼンよりも置換反応を起こしやすい．

⑤

フェノール と (無水)酢酸 で，エステルが生成する．

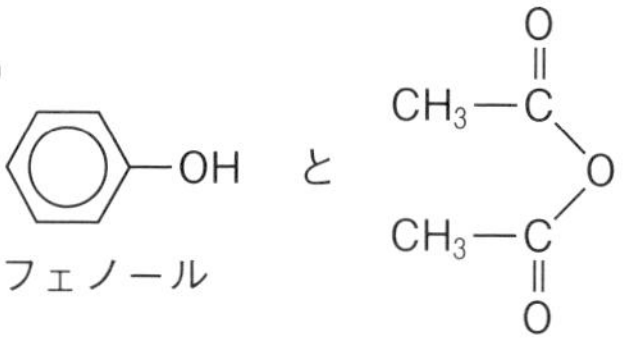

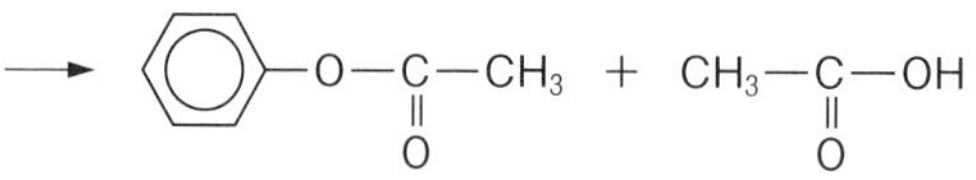

⟶ 酢酸フェニル（C₆H₅-O-CO-CH₃） + 酢酸（CH₃-COOH）

② … これはベンゼン環自体が変化する特殊な例．

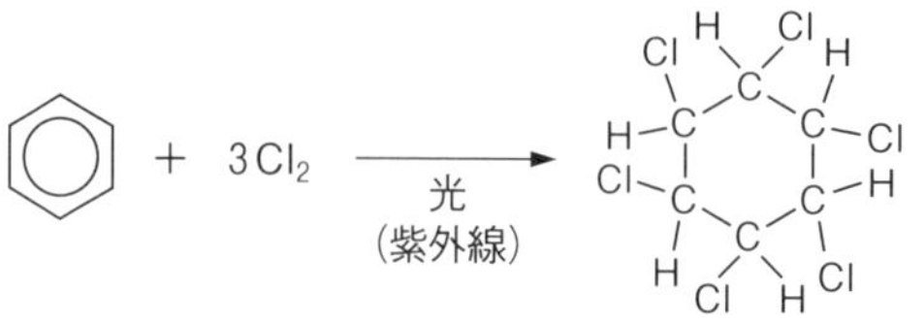

C₆H₆ + 3Cl₂ →（光（紫外線））→ ヘキサクロロシクロヘキサン

ち6個を塩素原子で置き換えたもの(ヘキサクロロシクロヘキサン)ができます.つまり②が正答です.要は,ベンゼン環をこわすのには光(紫外線)のエネルギーが必要です.触媒だけでは付加反応は起こりません.②以外の選択肢は置換反応で,どれもベンゼンの代表的なものばかりです.前ページをぜひ確認しておいてください.

次は完全に知識問題と思ってください.酸塩基指示薬のメチルオレンジ(アゾ化合物の一つ)を原材料のベンゼンから合成するための反応の経路の問題です.この問題はセンター試験としては(あまりにも知識問題的すぎて)いささか難問の部類だと思います.解説をざっと読んでいただければ充分です.

問題 83

酸塩基指示薬(pH指示薬)に用いられるメチルオレンジは,ベンゼンを出発物質として次の反応経路で合成できる.反応に用いる試薬(a, b)として

ベンゼン →[ニトロ化] C₆H₅-NO₂ →[(a)] C₆H₅-NH₃⁺Cl⁻ →[NaOH] C₆H₅-NH₂ →[スルホン化] HO₃S-C₆H₄-NH₂ →[(b)] HO₃S-C₆H₄-N₂⁺Cl⁻

+ (CH₃)₂N-C₆H₅ →[NaOH] NaO₃S-C₆H₄-N=N-C₆H₄-N(CH₃)₂ (メチルオレンジ)

第8章 "とりあえずこれだけは"的有機化学反応

最も適当なものを，下の ①〜⑤ のうちから一つずつ選べ．
① Sn, HCl　② NaNO$_2$, HCl　③ HNO$_3$, HCl　④ NH$_3$, HCl　⑤ H$_2$O$_2$, HCl

〔26年度追試験第4問問6〕

解説 CにNを付けたいときに，いきなりNを結合させることができないので，ニトロ基を途中段階にはさむという合成手法をとることがあります．−NO$_2$ を付ける反応のことをニトロ化反応といいます．ニトロ化は通常硝酸を使用して行います．ニトロ化した後，触媒のスズ共存下で塩酸を作用させると，ニトロ化の次にアニリン塩酸塩ができます．（つまり，〔a〕の答えは ① です．）アニリン塩酸塩は強い酸（塩酸）と弱い塩基（アニリン）で形成される塩ですから，それ自身はかなり酸性側へ傾いています．ここへ強塩基の水酸化ナトリウムを加えると，弱塩基のアニリンは追い出されて遊離します．ここへ硫酸を加えると，アミノ基 −NH$_2$ から見て最も遠いパラ位がスルホ基 −SO$_3$H へと置換されます．ここへ亜硝酸ナトリウム（NaNO$_2$）共存下で再度塩酸を作用させると，アミノ基が −N$_2^+$Cl$^-$ へと変わります．よって〔b〕の答えは ② です．

N$_2^+$Cl$^-$ ができましたから，アゾ化合物まではあと一歩です．ジメチルアニリンを混合し，スルホ基を水酸化ナトリウムで中和するとメチルオレンジができます．（この反応はかなり難しいですね！！）

正直なところ，この問題はこれらの反応を覚えていないと解答できないように思えます．わからなくてもまったく気にする必要はありません．ただ，世の中には，いかんせん知識として記憶しておかないことには手に負えない状況もあるということを痛感しておくことは重要だと思います．

次のヨードホルム反応というのもいささかマニアックで，かなり「受験用知識」という色合いもあるのですが，一回だけは出会って，とにかく覚えておくのはよいと思います．

問題 84 有機化合物Aに水酸化ナトリウム水溶液とヨウ素を加えて穏やかに加熱したところ，特有のにおいをもつ化合物の黄色結晶が生成した．また，化合物Aに少量の臭素水を加えたところ臭素の色がすぐに消失した．化合物Aの構造式として最も適当なものを，次の ①〜⑤ のうちから一つ選べ．

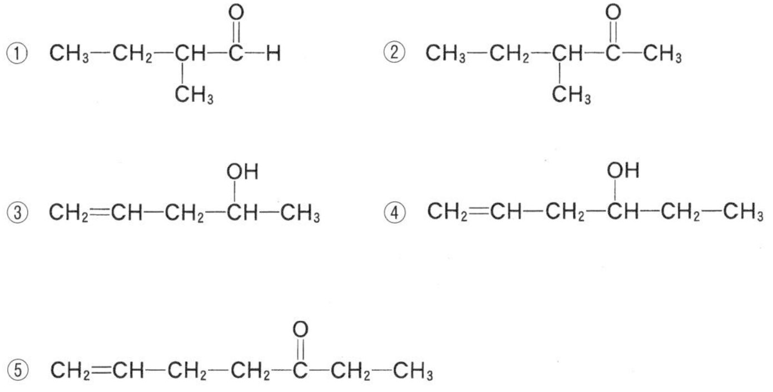

① CH₃-CH₂-CH-C=O
         | |
         CH₃ H

② CH₃-CH₂-CH-C(=O)-CH₃
         |
         CH₃

③ CH₂=CH-CH₂-CH(OH)-CH₃

④ CH₂=CH-CH₂-CH(OH)-CH₂-CH₃

⑤ CH₂=CH-CH₂-CH₂-C(=O)-CH₂-CH₃

〔24年度本試験第4問問3〕

解説 有機化合物に水酸化ナトリウムとヨウ素を加えて加熱するとにおいのする黄色結晶ができる，ときたら，ヨードホルム反応です．ヨードホルムというのは CHI_3 で，これができるのはもとの有機化合物が $CH_3(C=O)-$（アセチル基）または $CH_3-CH(OH)-$ を持つとき，とほぼ決まっています．そのため，これらの官能基の検出に使われてきましたが，現在はあまり使用されていないようです．

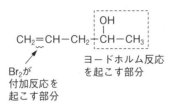

①から⑤のうちでは，上記の条件を満たすのは②と③だけです．後半の「臭素の褐色がすぐに消えた」というのは付加反応が起きたことを示唆しています．よって化合物Aには炭素－炭素間に二重結合もしくは三重結合があるはずです．こうなると答えは③しかありえません．

次も知識問題です．この問題は知識整理にはよいでしょう．

問題 85 2種類の有機化合物とそれらを見分ける方法の組合せとして**適当でな**いものを，次の①～④のうちから一つ選べ．

第8章 "とりあえずこれだけは" 的有機化学反応

	2種類の有機化合物	見分ける方法
①	ベンゼン　フェノール（OH）	臭素水を加えると，一方のみ白色沈殿を生じる。
②	$CH_3-\underset{\underset{O}{\parallel}}{C}-CH_3$　$CH_3-\underset{\underset{O}{\parallel}}{C}-H$	ヨウ素と水酸化ナトリウム水溶液を加えて加熱すると，一方のみ黄色沈殿が生じる。
③	$CH_3-\underset{\underset{O}{\parallel}}{C}-H$　$CH_3-\underset{\underset{O}{\parallel}}{C}-OH$	フェーリング液を加え加熱すると，一方のみ赤色沈殿が生じる。
④	サリチル酸（OH, COOH）　アセチルサリチル酸（$O-\underset{\underset{O}{\parallel}}{C}-CH_3$, COOH）	塩化鉄(Ⅲ)水溶液を加えると，一方のみ赤紫色になる。

〔26年度追試験第4問問7〕

解説 ②からみましょう．ヨウ素，水酸化ナトリウム，黄色ときましたから，これは間違いなくヨードホルム反応です．アセトンもアセトアルデヒドもアセチル基があり，どちらもヨードホルム反応を起こしますので，②の記述は誤りです．したがって②が正答です．

③のフェーリング反応ときたら，間違いなくアルデヒドの検出です．赤色沈殿が生成するということは広く知られていますが，この実験も，やったことがある人はほとんどいないでしょう．

④の三価の塩化鉄での紫の呈色はフェノール類の検出反応です．フェノール類中の化合物のバリエーションにより，赤っぽい場合や青っぽい場合などの呈色の差異があります．

最後に①です．じつは，フェノールの方がベンゼン環よりも置換反応が起こりやすいのです．ここでは2,4,6-トリブロモフェノールが生成し，白い沈殿となります．ベンゼンはフェノールほど簡単には置換反応を起こしません．ベンゼンをハロゲン化するためには，触媒の助けが不可欠になります．ハロゲ

ンのなかで比較をすれば，塩素と臭素は比較的ベンゼン環への置換反応を起こしやすい傾向があります．クロロベンゼン，ブロモベンゼンはその代表格です．クロロベンゼン，パラジクロロベンゼンは比較的毒性が低く扱いやすいため，とくに広く出回っています．パラジクロロベンゼンは防虫剤，消臭剤として家庭でもよく使われているので皆さんもみたことがあるでしょう．

　ちなみに，ベンゼンとフェノールならば，においがまったく異なることから，区別は容易です．（フェノールの方が，いわば煙くさいようなにおいがします．）…ただ双方ともかなり有害なので，思い切り吸いこむことはやめたほうがよいでしょう．

　次は $-NH_2$（アミノ基）とカルボン酸の反応により生成するアミド結合の問題です．通常，アミド結合の生成は $-NH_2 + HO-(C=O)- \rightarrow -NH-(C=O)- + H_2O$ という脱水縮合反応です．ここではカルボン酸が無水酢酸になっていますから注意しましょう．

問題 86

次の反応により，解熱鎮痛薬として用いられる化合物 b を合成したい．化合物 a 13.7 g と無水酢酸 15.3 g から化合物 b は最大で何 g 合成できるか．最も適当な数値を，下の ①〜⑤ のうちから一つ選べ．

$CH_3CH_2O-\underset{化合物 a}{\bigcirc}-NH_2 \xrightarrow{(CH_3CO)_2O} CH_3CH_2O-\underset{化合物 b}{\bigcirc}-\overset{H}{N}-\overset{O}{\overset{\|}{C}}-CH_3$

① 15.3　② 17.9　③ 20.6　④ 26.9　⑤ 29.0

〔26 年度本試験第 4 問問 6〕

解説　まず，化合物 a（4-エトキシアニリン）と無水酢酸の物質量が，それぞれ (13.7/137) mol，(15.3/102) mol であることを確認してください．化合物 a よりも無水酢酸の方が物質量が多いので，化合物 a の物質量だけ化合物 b（アミド化合物）が生成します．（この場合，化合物 a が制限成分になっているといいます．）化合物 a と無水酢酸は 1:1 の物質量比で反応します．化合物 b（分子量：179）は化合物 a の物質量（0.1 mol）分だけできます．よって答えは ②

第8章 "とりあえずこれだけは"的有機化学反応

の 17.9 g になります．量論関係を正しくとらえるのがカギです．

次は重要な化成品であるサリチル酸メチルの問題です．鎮痛作用があるため湿布などに使われていますね．むろんサリチル酸というカルボン酸とメタノールから生成するエステル化合物ですから，真正直に考えれば，上記の二者の脱水縮合反応で作れるはずです．しかし，その前段階であるサリチル酸を製造すること自体がけっこうやっかいなのです．下記のように，大量に入手しやすいフェノールを出発原料として使用する方法が考えられています．

問題 87 消炎鎮痛薬などに用いられるサリチル酸メチルは，フェノールを出発物質として次の反応経路で合成できる．反応に用いる試薬（〔ア〕・〔イ〕）として最も適当なものを，下の①〜⑤のうちから一つずつ選べ．

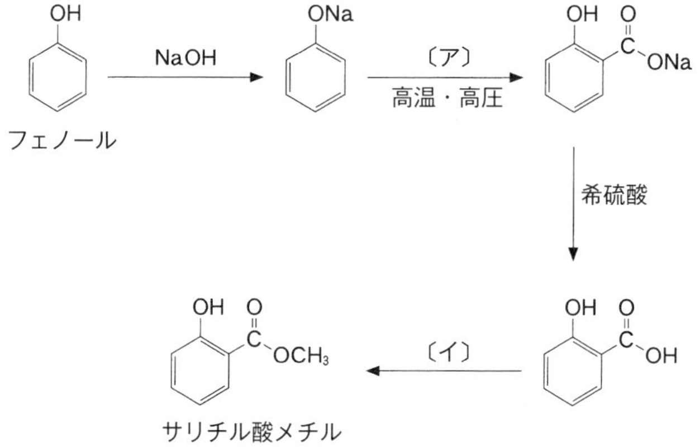

フェノール　→（NaOH）→　ナトリウムフェノキシド　→（〔ア〕，高温・高圧）→　サリチル酸ナトリウム　→（希硫酸）→　サリチル酸　→（〔イ〕）→　サリチル酸メチル

① 一酸化炭素，水　　② 二酸化炭素　　③ 酢酸，濃硫酸
④ メタノール，濃硫酸　　⑤ メタノール，水酸化ナトリウム

〔26 年度本試験第 4 問問 4〕

⊕ 解説　最初の反応は酸としてのフェノールの，塩基としての水酸化ナトリウムによる中和反応です．こうしてナトリウムフェノキシドができ，これに高温・高圧で二酸化炭素を付加させれば，サリチル酸ナトリウムになります．したがって〔ア〕には②の二酸化炭素が入ります．サリチル酸は酸といってもカ

ルボン酸で，弱い酸ですから，サリチル酸ナトリウムに硫酸を加えれば，弱い酸であるサリチル酸は追い出されます．サリチル酸ができたら，あとはこれにメタノールを加えてエステル化すればよいのです．

エステル生成反応の触媒として有効なのは濃硫酸です．これは，濃硫酸の脱水作用が，エステル生成時の脱水縮合反応を有効に促進するからです（〔イ〕正答：④）．それほど複雑には見えない化合物を合成するのにも，意外に手間がかかる段階を踏む必要があるのがわかります．

§8-2 有機化学反応のちょっと大事なマメ知識

次は混合物の分離の話です．この問題自体は少し受験問題っぽい色彩が濃いのですが，化学工業ではさまざまな方法で混合物を適切に分離するのに多大な労力とエネルギーを費やします．物質の分離は，化学反応がからんでいないことも多いので素人目にはその重要性が見逃されがちなのですが，一連の化学工業の工程の中でも，最も重要な部分の一つなのです．

問題 88

アニリン，サリチル酸，フェノールの3種類の化合物を含むジエチルエーテル（以下エーテル）溶液を試料溶液とし，この溶液中の各化合物を操作1～3により分離した。これらの操作で用いた水溶液A～Cの組合せとして最も適当なものを，下の①～⑥のうちから一つ選べ。

操作1 試料溶液を分液ろうとに入れ，水溶液Aを加えてよく振り混ぜたのち，分離した水層をビーカーに取り出し，水溶液Bを加えたところアニリンが遊離した。

操作2 操作1で分液ろうとに残したエーテル層に水溶液Cを加えてよく振り混ぜたのち，分離した水層をビーカーに取り出し，水溶液Aを加えたところサリチル酸が析出した。

操作3 操作2で分液ろうとに残したエーテル層をビーカーに取り出し，エーテルを蒸発させるとフェノールが残った。

第8章 "とりあえずこれだけは"的有機化学反応

	水溶液 A	水溶液 B	水溶液 C
①	塩 酸	NaHCO$_3$ 水溶液	NaOH 水溶液
②	塩 酸	NaOH 水溶液	NaHCO$_3$ 水溶液
③	NaHCO$_3$ 水溶液	NaOH 水溶液	塩 酸
④	NaHCO$_3$ 水溶液	塩 酸	NaOH 水溶液
⑤	NaOH 水溶液	塩 酸	NaHCO$_3$ 水溶液
⑥	NaOH 水溶液	NaHCO$_3$ 水溶液	塩 酸

〔24 年度本試験第 4 問問 5〕

解説 まず，操作 1 はアニリンを分離するための操作であることに気づきましょう．アニリンは水に溶けると弱い塩基性を示しますから，まずこれを捕まえるためには酸が必要なのです．この時点で正答は ① か ② に絞られます．よって，分離した水層に含まれるのはアニリンと塩酸の中和反応によって生じる塩，アニリン塩酸塩（$C_6H_5-NH_3^+Cl^-$）です．

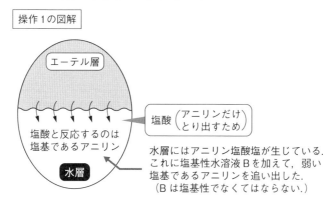

ここから先が少しばかり「鬼門」です．水溶液 B を加えると，塩基のアニリンが追い出されてきたわけです．よって水溶液 B はアニリンよりも強い塩基ということになります．NaOH 水溶液は明らかにアニリン水溶液よりも強い塩基で，アニリンの追い出し（遊離）には使えます．炭酸水素ナトリウム水溶液も（弱酸と強塩基からなる塩であるがゆえに）塩基性ですから，アニリンの追い出しには使えそうな気もします．ただし，水酸化ナトリウムと比較すれば圧倒的に弱い塩基であるところが気になります．

さて，ここは判断がつかないので，ひとまず保留にして先を見ましょう．操

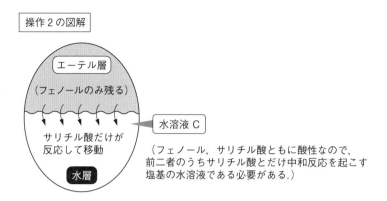

作2も，じつは操作1と似たようなことをしています．

しかし今度はサリチル酸の分離が目的のようです．ということは，塩基で中和し，強酸（水溶液A⇒塩酸）で追い出す，という手順のはずです．ここで，もしも水溶液CがNaOH水溶液だとすると，サリチル酸ナトリウム，ナトリウムフェノキシドの両方の塩ができ，それらはいっしょに水層へ移動したのち塩酸で追い出されますから，サリチル酸とフェノールの双方が析出することになります．ところが，操作3の記述にあるようにフェノールだけはエーテル層に残留しています．ということは，フェノールとは塩を形成しない塩基が，水

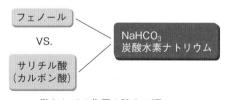

酸としての作用の強さの順：
　カルボン酸 ＞ 炭酸 ＞ フェノール

➡ よって，炭酸が追い出され，CO_2 が発生する．

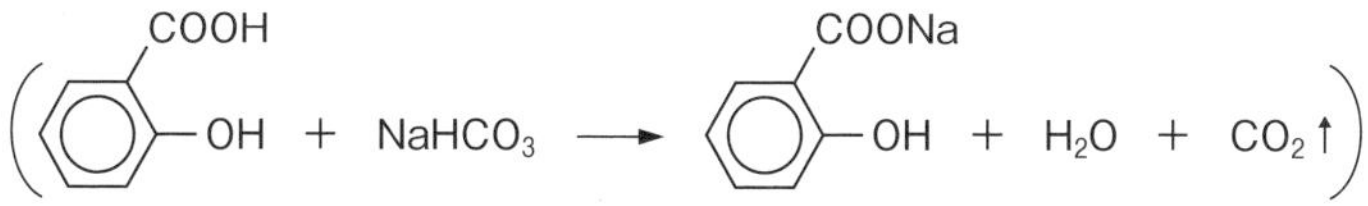

$$\begin{array}{c}\text{COOH}\\ \bigcirc\!\!-\text{OH}\end{array} + \text{NaHCO}_3 \longrightarrow \begin{array}{c}\text{COONa}\\ \bigcirc\!\!-\text{OH}\end{array} + H_2O + CO_2\uparrow$$

結果としてフェノールはそのままエーテル層に残留する．
　(※ もしも操作2でNaOH水溶液を加えてしまうと，
フェノールも塩となって水層へ出てきてしまう〔ナトリウムフェノキシド〕)

第8章 "とりあえずこれだけは"的有機化学反応

溶液Cには溶けているはずです.「カルボン酸は炭酸よりも強い酸, 炭酸はフェノールよりは強い酸」という知識を使うと, 炭酸水素ナトリウムの炭酸イオンをフェノールでは追い出せないことになります. すなわち, 炭酸水素ナトリウム水溶液とフェノール水溶液を混ぜても, 炭酸の追い出しという反応は起こりません. よって, この場合はフェノールのナトリウム塩(ナトリウムフェノキシド)はできず, フェノールはエーテル層に残留したままとなります. 以上より, フェノールとサリチル酸(カルボン酸)を分離するためには, 炭酸水素ナトリウム水溶液がふさわしいということになります(正答:②).

フェノールついでに, 下記の知識問題をやってみましょう.

問題89 フェノールとその塩に関する記述として**誤りを含むもの**を, 次の①〜⑤のうちから一つ選べ.
① フェノールの水溶液は, 弱い酸性を示す.
② フェノールの水溶液に塩化鉄(Ⅲ)の水溶液を加えると, 紫色に呈色する.
③ フェノールとナトリウムが反応すると, 水素が発生する.
④ ベンゼンスルホン酸ナトリウムを水酸化ナトリウムとともに融解すると, ナトリウムフェノキシドが生成する.
⑤ ナトリウムフェノキシドの水溶液に室温で二酸化炭素を通じると, サリチル酸ナトリウムが生成する.

〔24年度追試験第4問問4〕

解説 ①は絶対に覚えておいてほしい正しい記述です. 第7章問題71⑤ (p.129) でもみたように, ベンゼン環内部は, 電子にとってはかなり居心地のよい環境なのです. このため, 中間の酸素原子を経由して, 電子が端の水素原子からベンゼン環へとられる傾向にあります. この結果, 端の水素原子は正に帯電して陽イオンになりやすくなります.

②は単に知識として覚えておいてください. 三価の塩化鉄での紫色の呈色は, フェノール類の最も簡単な検出方法です.(アルコールでは呈色は起こりません.)

③は金属ナトリウムの強大なイオン化傾向によるフェノール分子内の水素

イオンの還元反応です．反応量論式は

$$2C_6H_5\text{-}OH + 2Na \rightarrow 2C_6H_5\text{-}ONa + H_2\uparrow$$

です．フェノールは弱い酸性を示しますが，これは中和反応ではありませんよ！ 酸化・還元反応です．（Naが酸化され，Hが還元されていますね．）

④ はアルカリ融解と呼ばれる反応で，実験室で容易に実験できるような反応ではありませんが，反応式は割合にシンプルで，真正直に

$$C_6H_5\text{-}SO_3Na + NaOH \rightarrow C_6H_5\text{-}ONa（ナトリウムフェノキシド）$$
$$+ NaHSO_3（亜硫酸水素ナトリウム）$$

です．これはベンゼンの置換反応です．（ちなみに，融解ではなく水溶液状態だとこの反応は進みません．つまり，ベンゼンスルホン酸ナトリウム水溶液に水酸化ナトリウム水溶液を加えても反応は生じません．）

⑤ の記述は一見正しいようにみえますが，間違いです．問題87でみたように，サリチル酸ナトリウムを生成するには，この条件に加えて高温・高圧が必要です．⑤ の記述の反応は中和反応の一種で，

$$C_6H_5\text{-}ONa + CO_2 + H_2O \rightarrow C_6H_5\text{-}OH + NaHCO_3$$

この記述はいささか曲者ですが，大事な内容を含んではいます．「フェノール水溶液の酸性は炭酸のそれよりも弱い」を思い出しましょう．すると，フェノールの塩であるナトリウムフェノキシドの水溶液に二酸化炭素を通じると，炭酸よりも弱い酸であるフェノールは追い出される，ということになります．

一方，サリチル酸ナトリウム $C_6H_4\text{-}(OH)((C=O)\text{-}ONa)$ を生成する反応式は，まさに二者をそのまま足せばよく，

$$C_6H_5\text{-}ONa + CO_2 \rightarrow C_6H_4\text{-}(OH)((C=O)\text{-}ONa)$$

です．Naはフェノールではなく，カルボキシ基側に付いています．フェノールよりは炭酸の方が酸の性質が強く，さらに，カルボキシ基の方がなお酸の性質が強いことを思い出してください（問題88 p.155参照）．Na^+ は，フェノール，炭酸，カルボキシ基の中では，どちらかといえばより「酸」らしいカルボキシ基に付くわけです．

本章の最後の問題です．

第 8 章 "とりあえずこれだけは"的有機化学反応

問題 90

分子量が 120 の化合物 A は，ベンゼン分子の水素原子のいくつかがメチル基で置換された構造をもつ．化合物 A 1.2 g のすべてのメチル基をカルボキシ基（カルボキシル基）に酸化したところ，化合物 A は化合物 B へ完全に変化した．十分な量の炭酸水素ナトリウム水溶液を化合物 B に加えたところ，すべてのカルボキシ基と反応し，二酸化炭素が生成した．このとき生成した二酸化炭素の物質量は何 mol か．最も適当な数値を，次の ①〜⑥ のうちから一つ選べ．

① 0.015　② 0.020　③ 0.030　④ 0.040　⑤ 0.045　⑥ 0.060

〔24 年度追試験第 4 問問 6〕

解説　まず，化合物 A は，ベンゼンの 6 個の水素原子のうちの何個がメチル基 $-CH_3$ へ置換されてできるかを計算しましょう．水素原子，メチル基の式量はそれぞれ 1, 15 ですから，水素原子 1 個がメチル基 1 個により置換されれば分子量は 14 増加します．ベンゼン C_6H_6 の分子量は 78 ですから，分子量が 78 から 120 まで 42 増加するためには，3 個の水素原子を 3 個のメチル基で置換すればよいことになります．

いま，化合物 A が $(1.2/120)$ mol = 0.01 mol あるわけです．化合物 A と炭酸水素ナトリウムの反応を書いてみてください．要点は，完全に中和反応が進めば，カルボキシ基はすべて $-COONa$ となるということです．つまり，

$$C_6H_3-(COOH)_3 + 3NaHCO_3 \rightarrow C_6H_3-(COONa)_3 + 3H_2O + 3CO_2\uparrow$$

となるはずです．いま，$C_6H_3-(COOH)_3$ が 0.01 mol ありますから，二酸化炭素 CO_2 はその 3 倍の 0.03 mol 発生するはずです．ですから，正答は ③ となります．

ここで，$C_6H_3-(COOH)_3$ の構造異性体の数がいくつあるか考えてみてください．ベンゼントリカルボン酸の前に付くカルボキシ基の位置表示の 3 個の数

1,2,3-　　1,2,4-　　1,3,5-　　の 3 種類

字の組は1,2,3-，1,2,4-，1,3,5-の3種類になるはずです．

ちなみに，フェニル基に一つカルボキシ基が付いたカルボン酸（C_6H_5-COOH）を安息香酸といい，そのナトリウム塩（安息香酸ナトリウム，C_6H_5-COONa）は飲料への食品添加物（抗菌剤）として広く使用されます．

下の図のように，安息香酸はトルエン（C_6H_5-CH_3）を酸化するとできます．この場合も，ベンゼン環よりもむしろベンゼン環の周囲にあるメチル基が酸化されて変化することに留意しましょう．ベンゼン環はたいへん強固で，それ自体が化学反応で破壊されることは，並大抵なことでは起こらないのです．

安息香酸カリウム　　安息香酸

※

タイプの化合物を酸化すると“R”によらずカルボキシ基になる．ベンゼン環自体は変化しづらい．

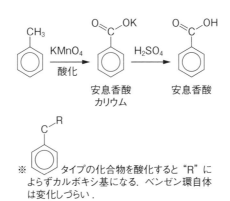

第7・8章のまとめ

　有機化学というのはあまりにも範囲が広くて，よほどの専門家であっても，決してすみからすみまで網羅しているというわけではありません．（もちろん，長年訓練されたことによって得られる「有機化学的な勘」というようなものはあるでしょうが．）

　比較的，知識として共有されている度合いが大きいものを狙って，ミニマムの知識として頭の引き出しに収納しておくのが次善の策だと思います．

　重点的に化学を学び続けている人以外には，有機化学上の多岐にわたる知識をぎっしりと頭に詰め込んでおくのはとても困難なことでしょうし，その意味もあまりないでしょう．ただ，実際問題として，エンジニアや技術者といわれる人々の間ではこのくらいは共有されていてしかるべきだという範囲も，ぼんやりながらあるのも事実です．また，この先に続く勉強を自力でやりたいという人にとっても，このくらいは予備的にわかっておこうよ，という内容もあるでしょう．本章に記した内容が充分であるとはとてもいえませんが，この章で取り上げたくらいのことを了解しておけば，自力で先へ進むときの困難がグッと減ります．

第9章 センター化学にみる、"これくらいは覚えておいてほしい"常識
―無機化学を中心に，最低限頭に入れておきたい化学の雑学―

この章の学習ポイント

① このくらいのことは個別の知識として頭に入れておいて決して損はない，という化学に関係する「常識」を学ぶこと．
② その学習の過程で，いままでの章の内容の復習をすること．

※ 本章には，その「化学的雑学の紹介」という性質上，既出の内容を繰り返している部分があります．すでにそれが以前の章のどこかで説明されていることに気がついてもらえれば嬉しい限りです．もしも気がつかなくても，この章で言及されていることは各論的な知識として頭に入れておいてほしいということは同じです．

* * * * *

どのような科目でも，あるいは仕事でも，多かれ少なかれ，"さすがにこのくらいは理屈抜きで頭に入っていないと，いっこうに前へ進めないぞ"，という最低限の知識というのが確かにあります．とはいえ，この「最低限」というのがかなり問題です．最低限とはいいつつも，できるだけ多い方がよいのだよね，といった性質のものです．要は，「物知りが勝ち」ということです．また，それら最低限のアイテム群を何か定型的なルールに従って規則・順序正しく提示できるかというと，これはたいへん難しいのです．いわば，話の早いエンジニア，もしくは判断力のある消費者になるために，ある程度は「化学分野情報通（つう）」になってほしいということです．もちろん，ふだんから関心を持って化学分野の文物に目を通せる人にとっては，これはさほど難しいことではありません．ただ，「小脇に化学本をはさんで，暇があったら化学の雑学を常に仕入れるようにしなさい」と学生の皆さんへ言うのは，いささか無理があるでしょう．

率直にいって，化学というのはやはりその学問的性格上「さまざまな経験的知識の集まり」という要素は大きいのです．皆さんがいちばん気にしている試

第 9 章　センター化学にみる，"これくらいは覚えておいてほしい"常識

験はもちろんのこと，研究・開発でも，偶然にせよ覚えていた知識がものをいうことはしばしばあります．とはいえ大事典をそのまま呑みこむように知識を仕入れることはできませんから，まずは容易に皆さんの手が届くセンター試験の最近の出題の中から20余問，これくらいは覚えておくといろいろな場面で得だなと思われる事例を集め，その出題内容に関連して理解しておいてほしいことを，この最後の章にまとめてみました．

§9-1　日常であう"化学"から学ぼう

問題 91

身のまわりの事柄とそれに関連する化学用語の組合せとして**適当でないもの**を，次の①～⑤のうちから一つ選べ．

	身のまわりの事柄	化学用語
①	澄んだだし汁を得るために，布巾やキッチンペーパーを通して，煮出した鰹節を取り除く．	ろ過
②	茶葉を入れた急須に湯を注いで，お茶をいれる．	蒸留
③	車や暖房の燃料となるガソリンや灯油を，原油から得る．	分留
④	活性炭が入った浄水器で，水をきれいにする．	吸着
⑤	アイスクリームをとかさないために用いたドライアイスが小さくなる．	昇華

〔26 年度本試験第 1 問問 6〕

解説　これは一見，単なる用語の意味問題のように見えますが，化学操作の原理が問われています．どれも日常生活や鉱工業で実際に行われているものですから，ここで理解してしまいましょう．

①では澄んだだし汁を得るのが目的ですから，汁の中に光の直進を妨げる

ような比較的大きな粒が浮遊していてはよろしくない，ということです．そのような大きめの粒子は，日常的な操作の範囲内ではろ過（濾過），すなわち「濾しとり」により除去されます．

② では，茶葉に含まれるカテキンなどのうま味成分を，熱湯中に溶かし出そうとしています．これは蒸留ではなく，抽出です（② が正答です）．抽出とは，何か所望の成分をよく溶かす「媒体」を使用して，植物などの天然物や混合物の中から，その成分を分離する操作をいいます．ここでは熱湯を使用して，茶葉から味の成分を分離しています．第 8 章問題 88（p.153）でみたような，分液ろう斗を使った分離も抽出ですね．

なお，蒸留も分離操作の一つですが，これは蒸気圧の差を利用して混合物を分離します．したがって，液体の混合物のみに用いられます．

③ では，原油という液体の混合物の分離が目的ですので，蒸留を行えばよいわけです．（一昔前まではさんずいを付けて「蒸溜」と書きました．今でもウィスキーなどの酒類については蒸溜と書くことが多いようです．）ただ，この場合のように，多数の種類の液体の混合物の分離という意味合いを込めて，分留と呼ばれることがあります．ここで原油の分留について少しだけみてみましょう．たとえば，ガソリンは灯油と比較すると引火しやすく危険だと聞いたことがあるでしょうか．これはガソリンの方が蒸発しやすいからです．つまりガソリンの方が沸点は低めです．このため，温度があまり高くなくても，ガソ

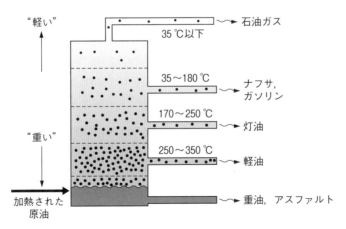

163

リンなどの低沸点成分は気体となって蒸留塔の上の方から出てきます．それとは対照的に，重油は温度が上がってもなかなか蒸気になりませんから塔の下部の加熱装置近くに溜まります．このようにして，取り出し場所を変えることにより，互いに沸点の異なるさまざまな成分を原油から分けることが可能なのです．上の方から出る沸点の高い油を「軽い」，下の方から出る沸点の低い油を「重い」と形容します．（密度のことではないのです！）ちなみに，ガソリンスタンドでもおなじみの軽油はどちらかというと重い油です．

　④の活性炭は，タケやヤシ殻などの繊維質が多い植物性素材を，"蒸し焼き"にして炭化すると得られます．この工程は賦活と呼ばれます．活性炭は 1 g あたり 1000 m² の桁の，極端に大きな表面積を有しています．表面が多いということは，そこに多くのものが吸い着けられやすいということにつながります．（もちろん，モノにより得意な物質の種類はあります．）活性炭は低分子量の有機物を吸い着けるのが得意で，家庭用品としては，水道水の浄化や空気の脱臭によく使われています．この表面への吸い着けの作用を吸着といいます．

　⑤の説明文では，じつは前半のアイスクリーム…は関係ありません．ドライアイスは二酸化炭素の固体で，大気圧下では液体を経ずに昇華して気体になります．（つまり，気体と固体が共存する条件である，ということです．）ドライアイスを机の上に置いておくと，しだいに小さくなって最後には少量の液体が残りますが，これは二酸化炭素の液体ではありません．この液体は，空気中の水蒸気がドライアイスの表面で氷になり，ドライアイスが昇華した後，融解して水になったものです．ドライアイスは「液体の二酸化炭素を経ないで気体の二酸化炭素になる」という意味で，確かにドライなアイスなのです．液体状態の二酸化炭素というのは，じつはなかなか目にする機会がありません．このことは，二酸化炭素が超臨界の状態（←液体でも気体でもない状態）になりやすいということと関連しています．

　次に，炭化水素のおもさを勉強しましょう．ここでのおもさというのは重量のことではなく，揮発のしづらさ／しやすさのことです．石油の主要な成分であるアルカンも，他の化学種と同じように，分子量が大きくなるほど蒸気圧が低下します．これに伴って沸点は上昇します．

問題 92

直鎖のアルカンの炭素原子の数（1～8）と沸点の関係を表すグラフとして最も適当なものを、次の①～⑥のうちから一つ選べ。

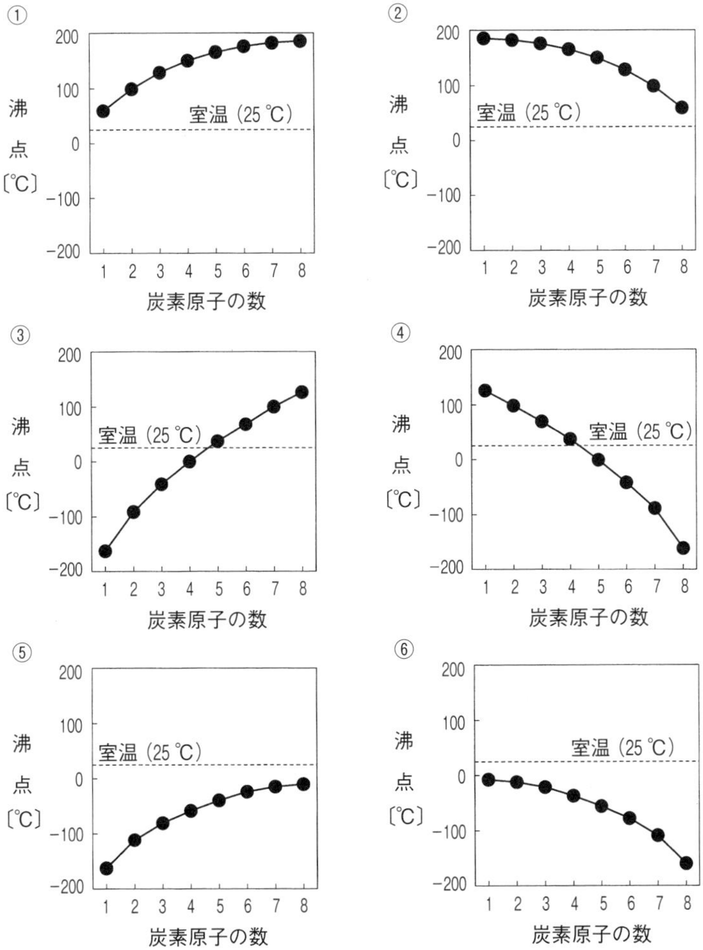

① 〔グラフ：横軸 炭素原子の数 1～8、縦軸 沸点〔℃〕−200～200、室温（25 ℃）の破線。点は約60から始まり180付近まで上昇〕

② 〔グラフ：点は約190から始まり60付近まで下降〕

③ 〔グラフ：点は約−170から始まり130付近まで上昇。5で室温を超える〕

④ 〔グラフ：点は約130から始まり−170付近まで下降。4で室温を下回る〕

⑤ 〔グラフ：点は約−170から始まり−10付近まで上昇〕

⑥ 〔グラフ：点は約−10から始まり−170付近まで下降〕

〔25 年度本試験第 4 問問 5〕

解説 直鎖のアルカンがどの程度の温度で沸騰するかくらいは、石油文明の恩恵にあずかる現代人の教養としてぜひ知っておいた方がよいように思われます。横軸が炭素原子の数になっています。つまり、左から順にメタン（C1）

第9章 センター化学にみる，"これくらいは覚えておいてほしい"常識

→ エタン (C2) → プロパン (C3) → ブタン (C4) → ペンタン (C5) → ヘキサン (C6) → ヘプタン (C7) → オクタン (C8) です．むろんのこと，②，④，⑥の右下がりの傾向はありえません．

① を見ると，C1 のメタンでも室温でまだ沸騰しないということですが，メタンが室温で液体というのは大気圧下ではありえません．逆に ⑤ では，だいたいガソリンに相当する C8 のオクタンが室温で気体になっていて，これも正しくありません．③ が正答です．覚えておくとよいのは，C5 のペンタンの沸点が室温よりも少しだけ上ということです．ペンタンを中心とした，室温でぎりぎり液体状態にある，とても揮発しやすい石油留分を「石油エーテル」と呼びます．名前から予想されるのに反し，石油エーテルはエーテル結合を有する化学種ではなく，揮発しやすい炭化水素の混合物です．

問題 93

身のまわりの出来事と，その反応や変化を表す語句の組合せとして**適当でないもの**を，次の ①〜⑤ のうちから一つ選べ．

	身のまわりの出来事	反応や変化
①	−20℃の冷凍庫内に保存していた氷が小さくなった．	昇　華
②	冷たい飲み物を入れたガラスコップの表面に水滴がついた．	凝　縮
③	冷蔵庫に活性炭を入れると，庫内の臭いが消えた．	吸　着
④	漂白剤を使うと，白い衣服についたインクのシミが消えた．	酸化・還元
⑤	セッケン水に油を入れて振り混ぜると，油は微細な小滴となって分散した．	加水分解

〔24年度本試験第1問問6〕

解説 もう一問．用語の確認をしてみましょう．

① は氷が水にならずに直接水蒸気になっていく現象ですから「昇華」ですね．雪の降らない寒い冬の日に，自動車の窓ガラスに白く霜が付くことがありま

す．視界の妨げになるのでそれをこそぎ落として運転するのですが，少し窓の端の方に残っていたりします．そのまま氷点下の中を走っていると，霜が融けて水になることなく乾いて消えていくので，氷も水と同じように「乾く」ということがわかります．

②はもちろん，コップの中の水が外へ浸み出しているわけではないことはご存じですね．コップの近傍の空気は冷やされて飽和水蒸気量が下がりますから，それまでそこの空気に含まれていた水蒸気のうち，いわば「定員オーバー」になった水蒸気が凝縮して水となり，コップの外面に付着するのです．日常的には「結露」という方がポピュラーですが，現象を表す専門用語としては「凝縮」が正答です．

③の吸着は問題91でも説明した通りですが，気相でも液相とほぼ同様に吸着が起こることに注意しておいてください．

④の「漂白」という効果を発揮する化学反応は酸化・還元反応です．布地に付着した色素を酸化して分解する「酸化型」（酸化剤）と，還元して分解する「還元型」（還元剤）のどちらもありますが，一般的に家庭でよく使われているのは「酸化型」のものです．

⑤はセッケン（石鹸）や洗剤の主成分である界面活性剤の濃度が充分に高いときに起こる作用で，これは化学反応ではありません．よって加水分解というのは間違いです（⑤が正答です）．界面活性剤の分子には，「会合性」といって多数集まって集合体を形成する性質があります．この集合体の中に油などの水に不溶なモノが取り込まれます．また，この会合体や会合状態のことをミセルと呼びます．界面活性剤分子は，一分子の中に水となじむ親水基と油になじむ疎水基を持っていて，それぞれが集まろうとして会合性が現れる，という説明は教科書でもおなじみですね．セッケン水はほとんど水から成っており，（汚れに相当する）油はミセル内部に取り込まれ，いわば細かな粒になって分散します．界面活性剤のこの作用のことを乳化といいます．乳化ということばから想像されるように，たとえば牛乳は，大部分を占める水の中に油が乳化されて散らばった構造をしています．これらの散らばった滴は光の直進を妨げるので，ミセルを含む液体は濁っていることが多いのです．

第9章 センター化学にみる,"これくらいは覚えておいてほしい"常識

次に,酸化・還元反応に実際に関わる化学物質についての知識を増やしておきましょう.

問題94

快適な生活のために,いろいろな化学物質の酸化作用や還元作用が利用されている.それらに関する記述として下線部が**適当でないもの**を,次の①～⑤のうちから一つ選べ.

① オゾンは酸化作用を示し,飲料水などの殺菌に利用される.
② 二酸化硫黄は還元作用を示し,繊維の漂白に利用される.
③ 次亜塩素酸の塩は酸化作用を示し,殺菌消毒に利用される.
④ 酸素は酸化作用を示し,燃料電池の正極で利用される.
⑤ 鉄粉は酸化作用を示し,使い捨てカイロに利用される.

〔26年度追試験第1問問6〕

◎解説 ①のオゾン(O_3)はもちろん,酸素(O_2)とは互いに同素体の関係にあります.酸素に紫外線を照射するという比較的シンプルな手段でオゾンを生成させることは可能です.しかしオゾンは不安定で,すぐに酸素へと戻ってしまいます.酸素が,酸化作用を示す化学種のいわば「総本山」ですから,それよりもなお不安定で反応性が高いオゾンは,さらに強い酸化作用を示します.このため,①の飲料水の殺菌などのように,あとに何も残らないのが望ましいような場合に,環境にやさしい酸化剤としてオゾンがしばしば用いられます.ただし,オゾン自体はその酸化作用の高さに起因して,生体に対してはかなり強い毒性を示します.

②は二酸化硫黄が還元作用を有するか否かという問題です.二酸化硫黄は水に溶けると水と化合して亜硫酸になります($SO_2 + H_2O \rightarrow H_2SO_3$).亜硫酸は比較的容易に酸化されて硫酸($H_2SO_4$)になります.硫黄の酸化数をみると,二酸化硫黄,亜硫酸,硫酸に対してそれぞれ $+4$,$+4$,$+6$ と段階的に増えています.よって,二酸化硫黄自体は還元剤として機能します.やや紛らわしいのは,二酸化硫黄が酸化剤としてはたらく場合があるということです.ただしこれは二酸化硫黄より強い還元剤との反応に限られます.強い還元剤である硫化水素と反応して単体の硫黄が生成する例だけ覚えておけばよいでしょう

($SO_2 + 2H_2S \rightarrow 2H_2O + 3S$).この反応では,生成する硫黄のうち三分の一だけが二酸化硫黄由来であり,他の三分の二は硫化水素からきています.むろん,硫化水素からきた硫黄は(水素を手放して)酸化されたということになります(酸化数:$-2 \rightarrow 0$).

③の次亜塩素酸の塩とは,たいていは次亜塩素酸ナトリウム($NaClO$)です.家庭用の塩素系漂白剤にも含まれています.次亜塩素酸ナトリウムは酸素を放出し,塩化ナトリウムへと変化していきます($2NaClO \rightarrow 2NaCl + O_2\uparrow$).このとき塩素原子の酸化数は$+1$から$-1$へ減少しますから,次亜塩素酸の塩は酸化作用を発揮するはずです.①~③でみたように,酸化還元作用と殺菌・漂白が結び付いているケースは多く見られます.

④は,まさにいわずもがなですね.酸素には当然,酸化作用があります.電池の正極(カソード)では必ず還元反応が起こります.酸素原子の酸化数は単体の0から-2まで減少します.燃料電池の場合,正極には酸素(空気)が供給されるので,これを正極というよりはむしろ空気極ということが一般的になってきています.燃料化学種(水素ガスなど)が送り込まれ,その酸化反応が起こる方が負極で,これは燃料極と呼ばれます.

⑤の記述はまったく逆で,鉄が酸化される側です.金属単体の鉄は酸化されやすいのですから,還元作用があるのです(⑤が正答です).使い捨てカイロには鉄粉が入っていて,それが酸化されるときにじわじわと発熱します.この反応の速度の調整は,カイロという適温を保つ必要がある用法上たいへん重要で,速すぎても遅すぎてもいけません.この目的のため,触媒,活性炭などがいっしょに袋に入っています.また,鉄が三価の水酸化物になるときに発生する熱を利用していますので,ある程度保水しておくことも必要です.活性炭はその高い吸着性により酸素を定常的に鉄粉へ供給するために混合されており,それ自体が反応するわけではありません.

次に,もう一つ,身近な日用品であるセッケンの性質を見てみましょう.

問題 95

セッケンに関する記述として**誤りを含むもの**を,次の①~⑤のうちから一つ選べ.

① セッケンは,疎水性部分と親水性部分をもつ.
② セッケンは,界面活性剤である.
③ セッケンの水溶液に塩化マグネシウムの水溶液を加えると,水に溶けにくい物質が生成する.
④ セッケンの水溶液に希塩酸を加えて酸性にすると,水に溶けにくい物質が生成する.
⑤ セッケンの水溶液は,中性を示す.

〔24年度追試験第4問問5(b)〕

Q解説 セッケンを生成する反応は,「けん化(鹸化)」と呼ばれます.感覚的には,強力な塩基である水酸化ナトリウムが油脂分子からカルボン酸を引きちぎって取る,と考えればよいでしょう.そういう意味では一種の中和のようにも考えられます.水酸化ナトリウム水溶液と油脂はそのままでは文字どおり「水と油」で分かれたままですが,これにエタノールなどを加えると両者が混ざり合い,結果として反応が速く進みます.このような溶媒を「反応溶媒」ということがあります.

けん化…カルボン酸が NaOH によって油脂からもぎとられる反応
(鹸化)

$$\begin{array}{c} CH_2-O-C-R_1 \\ | \quad \| \\ \quad O \\ CH-O-C-R_2 \\ | \quad \| \\ \quad O \\ CH_2-O-C-R_3 \\ \quad \| \\ \quad O \end{array} + 3NaOH \longrightarrow \begin{array}{c} CH_2-OH \\ \\ CH-OH \\ \\ CH_2-OH \end{array} + \begin{array}{c} R_1-C-ONa \\ \| \\ O \\ R_2-C-ONa \\ \| \\ O \\ R_3-C-ONa \\ \| \\ O \end{array}$$

油脂   グリセリン   セッケン

ここでは,油脂が「3個の OH を有するアルコールであるグリセリン(グリセロール)とカルボン酸のエステル化合物」であることを必ず記憶しておいてください.

まず,①,② は明らかに正しい記述です.疎水性部分,親水性部分をそれぞれ疎水鎖,親水基ということもあります.③ は硬水(マグネシウムイオン濃度が高い水)ではセッケンが使いづらいことに対応しています.ナトリウムと

マグネシウムを比較すれば，ナトリウムの方が圧倒的にイオンになりやすいのです．というか，常識的な状況ではナトリウムは常にイオン化していると考えて間違いありません．そのため，そのままではかなり水に溶けづらいカルボン酸でも，ナトリウム塩の形態をとっていればそれなりに水溶性を示します．ところが，カルボン酸のマグネシウム塩となればこうはいきません．まったくとはいいませんが，基本的には水には溶けない感じです．このため，マグネシウムイオンが多く含まれている硬水では普通のセッケンはやたらに沈殿（カルボン酸のマグネシウム塩）を形成してしまい，使いづらいのです．

$$2\underset{\text{セッケン}}{\text{R-C(=O)-ONa}} + \underset{\text{硬水中のマグネシウムイオン}}{\text{Mg}^{2+}} \longrightarrow \underset{\text{沈殿}}{(\text{R-C(=O)-O})_2\text{Mg}\downarrow} + \underset{\text{極度にイオン化しやすい}}{2\text{Na}^+}$$

④ は中和反応の基本です．カルボン酸と比較すると塩酸は非常に強い酸です．このため，カルボン酸のナトリウム塩と塩酸を混ぜると，塩酸がカルボン酸からナトリウムイオンを取ってしまい，カルボン酸だけが取り残されます．セッケンを形成しているカルボン酸の炭素数は通常 10 をゆうに超えていて，酢酸やギ酸のようには水に溶けません．④ はこのことを記述しています．なお，炭素数が大きいアルコールを高級アルコールというのと同様に，上記のような炭素数が大きい直鎖カルボン酸を高級脂肪酸と呼びます．

⑤ は間違いです．カルボン酸がかなり弱い酸であるのとは対照的に，ナトリウムが形成する水酸化ナトリウムは最も強烈な塩基の部類です．当然，軍配は水酸化ナトリウムにあがります．ですので，カルボン酸の塩であるセッケンの溶液は塩基性を示します．

§9-2 "金属"のマメ知識

次に，身近な金属に関する知識を整理してみましょう．

問題 96 身のまわりにある金属に関する記述として**誤りを含むもの**を，次の ① 〜 ⑤ のうちから一つ選べ．

第9章 センター化学にみる,"これくらいは覚えておいてほしい"常識

① アルミニウムは,薄く延ばすことができる。
② 金は,単体として産出する。
③ 銅は,単体の金属のうちで最も電気伝導性が高い。
④ スズは,青銅の原料として用いられる。
⑤ リチウムは,電池の材料に用いられる。

〔26年度本試験第3問問1〕

解説 ①のアルミニウムの「薄く延ばせる」性質は,たとえば台所にあるアルミホイルを親指と人さし指の指先で挟んでゴシゴシこすると,アルミホイルが次第につるつるしながらたるんでくることからわかります.これは「延性」といいます.

②は「砂金」から明らかですね.金はイオンになりづらく,容易には化合物を作りません.実験室で使われる金の化合物というと「塩化金酸」が有名ですが,思い浮かぶ金の化合物といえば本当にそれくらいしかありません.

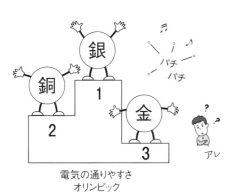

電気の通りやすさ
オリンピック

③は間違いで,電気伝導度のランキングは「銀>銅>金」です.金メダルが三位になったというシャレで覚えておきやすいかと思います.

④は正しい記述で,銅とスズ(錫)は青銅という古くから使われている合金を作りやすいのです.ただ,現代では黄銅(真鍮)の方がはるかになじみがあるでしょう.これは銅と亜鉛の合金です.

⑤のリチウムは,ノートパソコンや携帯電話などの小型家電で使用されるリチウムイオン電池で有名ですね.リチウムはアルカリ金属で,ナトリウムやカリウムと同様に一価の陽イオンになりやすく,そのため金属単体として目にすることはほとんどありません(アルカリ金属は灯油中に保存します).リチウムイオン電池内での電荷の移動は陽イオンであるリチウムイオン Li^+ が担います.

次に銅を話題にしてみましょう．これは銅の化合物や銅イオンについての知識問題ですが，かなり細かいことまで聞いていて，やや難問の部類だと思います．銅は遷移元素に属しており，遷移金属が全般的にそうであるように，銅化合物のでき方にはかなりのバリエーションがあります．これは元をただすと，遷移金属の価数は1族，2族の金属イオンの価数のようには一定していないというところに根があります．たとえば，酸化物にしても一価の CuO_2 と二価の CuO があります．では問題を見てみましょう．

問題 97

銅に関する記述として**誤りを含むもの**を，次の①～⑤のうちから一つ選べ．

① 硫酸銅(Ⅱ)水溶液に，希塩酸を加えて硫化水素を通じても，沈殿は生じない．
② 硫酸銅(Ⅱ)水溶液に，アンモニア水を少量加えると沈殿が生じるが，さらに加えると生じた沈殿が溶ける．
③ 硫酸銅(Ⅱ)水溶液に，亜鉛の粒を加えると，単体の銅が析出する．
④ 銅の電解精錬では，陰極に高純度の銅が析出する．
⑤ 銅の電解精錬では，陽極の下に，銅よりイオン化傾向の小さい金属が沈殿する．

〔25年度本試験第3問問5〕

◎解説 ①は完全に知識問題です．銅は硫化水素共存下で CuS という硫化物を形成しますので，記述①は誤りです（①が正答）．CuS は真っ黒な沈殿です．金属の硫化物は黒くなることが多く，銀・水銀・鉛・鉄など，硫化物はみな黒色です．（珍しいところだと，カドミウムの硫化物 CdS はたいへんあざやかな黄色を呈します．）

②のように，遷移金属のイオンの水溶液にアンモニア水などの塩基性水溶液を加えると，まずはじめに水酸化物が沈殿します．ここでは $Cu(OH)_2$ ができます．金属の水酸化物というと KOH や NaOH など，水によく溶けてイオンになりやすいという先入観がありがちですが，むしろ Fe, Al, Zn, Cu など，水酸化物が沈殿を形成するケースの方が多いのです．そこへさらにアンモニア水などの塩基を加えていくと沈殿が溶けるという現象は，錯イオンの形成とみなせます．すなわち，溶解は起こるのですが，これは金属イオンが単体で溶け

るのではなく，金属イオンの周りにアンモニア・水などの分子や水酸化物イオンなどのイオンが結合して一体化した新たな化学種が溶けるのです．このときにできる結合は配位結合です（第5章問題50；p.88参照）．錯イオンの形成の場合，その中心にある金属イオンへ接近して配位結合を形成する側の種（配位子，リガンド）が2個の電子を提供します．水酸化銅の沈殿にアンモニア水をどんどん加えていくと，1個の Cu^{2+} に4個のアンモニア分子が配位してテトラアンミン銅(II)イオン（$[Cu(NH_3)_4]^{2+}$）が形成されます．

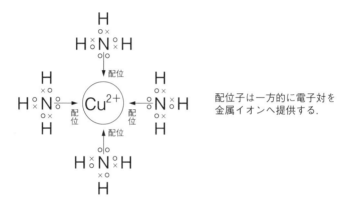

配位子は一方的に電子対を金属イオンへ提供する．

ここで，アンモニア分子 NH_3 自体は電荷を有していませんから，いくつ配位しても錯イオン全体の価数は Cu^{2+} の2+のままです．錯イオンの種類はそれこそ無数にあって，そのつど必要なものを覚えていくしかありません．ただ配位数は金属種によって決まっているようなところがあり，銅の場合は上の例に見るように4（テトラ）です．

③は単純にイオン化傾向の相対比較の問題です．銅と比較すると亜鉛ははるかにイオンになりやすいので，硫酸銅水溶液へ亜鉛の金属単体を入れると，銅と入れ替わって亜鉛がイオン化します．同時に，もともと硫酸銅水溶液中にイオンとして溶けていた銅は金属単体として析出します．ここで，亜鉛イオンも銅イオンも，ともに二価であることに注意してください．このことから，溶けた亜鉛の物質量（モル数）と析出した銅のそれは相等しくなっているはずです．

④に出てくる「電解精錬」というのは，銅鉱石から純銅を製造するときの最後の工程で，ここで純度99.99％の銅が得られます．電解精錬では，さまざま

な不純物が含まれた粗銅の板そのものを陽極板とします（第6章 p.111 参照）．この陽極と陰極を同じ硫酸酸性の硫酸銅水溶液（電解液）中へ漬け，直流電圧を掛けると，陽極板上で粗銅から銅が Cu^{2+} となって溶け出します．一方，陰極板上では電解液中の Cu^{2+} が2個の電子を受け取り，還元されて金属銅となって析出します．電解精錬は，銅などの，比較的イオンにはなりづらい金属の純度を上げるときに採られる方法です．

⑤も電解精錬についての記述です．陽極に相当する粗銅の板からは銅がどんどん溶け出していきますが，銅よりもイオンになりづらい（イオン化傾向が小さい）金属およびそれらの酸化物などは，硫酸には溶けずにそのまま陽極板の真下へ落ちて槽中に沈殿します．これを「陽極泥」といいますが，これはただの泥ではありません．銅よりもイオンになりづらい金属（←貴金属中心）の中でも，金や銀などの貴金属がかなり多く含まれているため，陽極泥自体が銅の電解精錬工程の重要な副製品なのです．もちろん，銅よりもイオン化傾向が大きな金属種はイオンとして電解液の硫酸中に溶けたままで，析出はしません．

次に見るアルミニウムは，アルミサッシやアルミ缶など，日常的によく目にする金属ですね．アルミニウムは三価（Al^{3+}）の陽イオンになりやすく，どちらかというとイオン化しやすい金属です．地表では三番目に多い元素ですので，資源としてはきわめて豊富ですが，天然の状態ではそのほとんどすべてが酸化物になっています．単体の金属アルミニウムを製造するのにはちょっとした工夫が要ります．

問題 98

アルミニウムに関する記述として**誤りを含むもの**を，次の ①〜⑤ のうちから一つ選べ．

① アルミニウムは，融解した氷晶石に酸化アルミニウムを溶かし，電気分解により製造される．
② アルミニウムの密度は，鉄の密度より小さい．
③ アルミニウムは，強塩基の水溶液と反応し，水素を発生する．
④ アルミニウムは，希硝酸に溶けにくい．

第9章 センター化学にみる，"これくらいは覚えておいてほしい"常識

⑤ ミョウバンは，硫酸カリウムと硫酸アルミニウムの混合水溶液から得られる。

〔25年度追試験第3問問4〕

解説 ① は金属アルミニウム単体の工業的製法で，溶融塩電解法といいます．まず，アルミニウムの原鉱石であるボーキサイトの主成分であるアルミナ（Al_2O_3）を取り出します．アルミナを直接溶融（熔融）して電気分解できればよいのですが，アルミナの融点は2000℃よりも高く，それだけの高温を工場で扱うのは至難です．そこで氷晶石（Na_3AlF_6）という他種のアルミニウム鉱石（融点約1000℃）の溶融液に融点降下効果を利用してボーキサイトを融かし込み，アルミニウム源とします．この混合溶融液に電圧を掛ければ，陰極側でアルミニウムイオンが電子を受け取って還元され，金属アルミニウムになります．

この製錬法は，二名の発明者の名前にちなんでエルー－ホール法（←ホール－エルー法とも）と呼ばれます．名前が並べて書かれていますが，この二人は知り合いでも何でもなく，まったく別々に，なおかつほぼ同時に，この方法を発明したそうです（1886年）．ただ，溶融塩電解法はその加熱の必要性などから大量の電力を必要とするので，日本などの発電コストが高い地域では，アルミニウムなどのイオン化傾向が高い金属を大量に製造するのは難しいといわれます．ちなみに，「製錬」と「精錬」の二通りの漢字のあて方を見ることがあります．厳密な漢字の使い分けは無いようなのですが，前者は原鉱石から粗金属

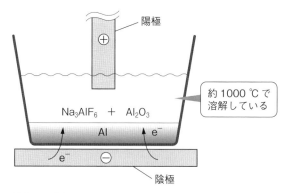

陰極で $Al^{3+} + 3e^- \rightarrow Al$ という還元反応が起こる．

を得る工程，後者は粗金属から純度の高い金属単体を得る工程をそれぞれ指すことが多いようです．「製造」と「精製」の差異ですね．

②の密度の小ささ（軽さ）は，アルミニウムが重宝される理由です．「鉄の三分の一」と覚えておきましょう．ただ，アルミニウムは鉄と比べると約三分の一の力（←正式には"応力（おうりょく）"）で変形してしまいます．このため，純アルミニウムは，車体などの強度が要求される用途には向かない場合も多くあります．軽量化が優先課題の航空機の製造などでは，アルミニウムを合金化して強度をアップさせる手法がよくとられます．

③については，「アルミニウムは塩酸にも水酸化ナトリウムにも溶けて水素を発生させる」と教わった人も多いでしょう．アルミニウムは亜鉛などと並んで「両性金属元素」といわれます．つまり，酸にも塩基にも溶けるのです．塩基の場合，直接溶けるのではなくて必ず錯イオンを形成します．

$$2Al + 2NaOH + 6H_2O \rightarrow 2Na[Al(OH)_4] + 3H_2 \uparrow$$

$Na[Al(OH)_4]$ はテトラヒドロキソアルミン酸ナトリウムと読み，Na^+ と $[Al(OH)_4]^-$ からなっています．$[Al(OH)_4]^-$ がマイナスの一価になるのは，Al^{3+} と $4(OH^-)$ の和であるからです．化合物中のAlの酸化数はいつも+3です．

両性金属であるアルミニウムは，酸である希硝酸とも反応して溶けますので，④の記述は誤りです（つまり，④が正答です）．ただし，これが希硝酸ではなく濃硝酸だと，不動態を作り，溶けなくなります．不動態は，酸化力の強い酸性溶液と金属単体が接触したときにうっすらと金属表面にできます．これは金属の酸化皮膜で，この皮膜ができると，内部の原子は外から入ってくる化

学種から物理的に遮断され，酸化などの化学変化を受けづらくなります．濃硝酸，熱濃硫酸は不動態を形成しやすい"酸化力の強い酸"です．ここで注意しておきますが，濃硫酸それ自身は酸化力を持ちません．熱を加えることで酸化力の強いSO_3が発生するため，酸化作用を示すのです．

ところで，アルミニウムは一般的には腐食しにくい金属です．これはアルミニウムを空気中に置いておくと自然に酸化アルミニウムの皮膜を作り，不動態になって内部が守られるからです．しかしこの酸化皮膜は比較的壊れやすく，たとえば酸や塩基に溶けてしまいます．そのため，日用品や工業材料には，アルミニウムの表面に意図的に分厚い酸化皮膜を作り，耐食性を改善した「アルマイト」が多く用いられています．

ミョウバン（明礬）の作り方は⑤の通りです．ミョウバンの組成式はAlK$(SO_4)_2 \cdot 12H_2O$で，アルミニウムとカリウムの物質量の比は1：1です．K_2SO_4と$Al_2(SO_4)_3$の2種類の塩を含んでいることから，複塩の一つです．析出してくるミョウバン結晶中のアルミニウムとカリウムの1：1という物質量比は，母液に溶解している硫酸カリウムと硫酸アルミニウムのモル濃度にはまったくよりません．（つまり，母液がたとえ2：1だったとしても，析出してくるのは1：1の結晶（ミョウバン）です．）

これら二種の硫酸塩の水溶液の温度を次第に下げていくと，溶解度も下がります．濃度が溶解度に達すると，溶けきれなくなった分だけがミョウバン結晶となって析出します．また，ミョウバンを水に溶かすと，カリウムイオンとアルミニウムイオンは完全に分かれ，硫酸カリウムと硫酸アルミニウムを別々に溶解させた場合と差はありません．

少し気分を変えて，「いっけん似たもの同士」金属のネタを読んでみましょう．この問題は完全に知識問題の色合いもあって，わりあい難しいと思います．カルシウムとマグネシウムについて，実際このくらいのことが頭に入っていたらなかなか大したものです．

問題 99 マグネシウムとカルシウムに関する記述として**誤りを含むもの**を，次の①〜⑤のうちから一つ選べ．

① 単体の Mg は熱水と反応し，水素が発生する。
② 単体の Ca は常温の水と反応し，水素が発生する。
③ $MgSO_4$ は水に溶けにくい。
④ $CaCO_3$ は水に溶けにくい。
⑤ Mg は炎色反応を示さない。

〔24 年度本試験第 3 問問 6〕

解説 Mg と Ca はともに 2 族に属しています。2 族の元素のうち Be と Mg を除いたものはアルカリ土類金属とよばれます。実際，たとえば Mg と Ca はふるまいがかなり異なります。

① と ② については，「単体では Ca のほうが Mg よりも反応性が大きい」と覚えてください。常温の水に Ca を入れると即座に反応して Ca^{2+} になりますが，Mg ではそれは起こりません。ただし温度を上げて熱水にすると反応します。

③ は完全に知識問題です。$MgSO_4$ はよく水に溶けます。これに対して $CaSO_4$（セッコウ）は水に少ししか溶けません。③ が正答です。

④ はもちろん正しい記述です。もしも $CaCO_3$ が水によく溶けたら大変で，雨が降っただけで大理石の建物は溶けてしまいます。日本の多くの山は石灰岩の山ですから，山まで雨で溶けだしてしまうことになります。

⑤ の炎色反応の有無は完全に知識問題です。この記述は正しく，アルカリ土類金属は Ca を含めてみな炎色反応を示すのに，Mg は示しません。正直なところ，この知識の有無は気にしなくてよいでしょう。アルカリ土類金属が炎色反応を示すことだけ覚えておきましょう。

この問題の選択肢には出てきていませんが，金属マグネシウムの空気中での激しい酸化反応はよく知られていますね。ちなみに生成物の酸化マグネシウムの融点はとても高く，約 2700 ℃ です。このため，酸化マグネシウムは炉などの高温耐性が必要な装置の構造材の素材として大きな需要があります。

第9章 センター化学にみる，"これくらいは覚えておいてほしい"常識

§9-3 "固体"のマメ知識

次に，身の回りにある「固体」について，少し知識を増やしてみましょう．

問題 100

身のまわりにある固体に関する記述として**誤りを含むもの**を，次の①〜⑤のうちから一つ選べ．

① 食塩（塩化ナトリウム）はイオン結合の結晶であり，融点が高い．
② 金は金属結合の結晶であり，たたいて金箔(きんぱく)にできる．
③ ケイ素の単体は金属結合の結晶であり，半導体の材料として用いられる．
④ 銅は自由電子をもち，電気や熱をよく伝える．
⑤ ナフタレンは分子どうしを結びつける力が弱く，昇華性がある．

〔25年度追試験第1問問6〕

解説 ①の「イオン結合の結晶は一般的に融点が高い」というのは正しい記述です．NaClにおいて，NaもClも強烈にイオン化しやすく，いわばNa$^+$-Cl$^-$になっていると考えてよいのです．Na$^+$とCl$^-$が正・負電荷のペアとしてがっちり組み合わさっており，強固な固体ですから，NaClは少々温度を上げたくらいでは融解しません．（塩化ナトリウムの融点はちょうど800℃くらいです．）比較例をあげると，分子性固体であるスクロース（砂糖）をフライパン上で融かしてカラメルを作るときはせいぜい150℃程度の温度で充分なのです．さまざまな食品に含まれているグルコースだとこれがもっと低い温度で起こりますので，色が褐色に変化しないような低めの温度で自由に整形することができます．

②の固体の金は，もちろん金属結合により構成される結晶です．やわらかくて自由に延ばしたり広げたりできる性質のことを展延性（展性・延性）と呼びます．この性質は程度の差こそあれ金属全般の特徴で，金属の「塑性加工」を可能にしています．とくに金のようなやわらかい金属の場合顕著で，10^{-4} mm程度まで薄くすることができます．

③のケイ素単体は非金属で，金属結合ではなく共有結合からできています（よって正答は③です）．光沢があったり，少し電気を伝導する半導体として

の性質があったりと，なんとはなしに金属っぽい感じがするのですが，非金属元素とみなされます．（はっきりとした定義ではありませんが，ケイ素やゲルマニウムなど，単体が部分的に金属（metal）に類似した性質を示す元素のことを「半金属（metalloid）」と呼ぶことがあります．）ケイ素も炭素もともに14族元素で，酸化物はそれぞれSiO_2（シリカ）とCO_2，また水素が化合するとSiH_4（シラン）とCH_4（メタン）であるなど，化合物の組成上は共通する点も多いのですが，単体にせよ酸化物にせよ，分子構造上は無視できない相違点があります．

④の「自由電子」はすべての金属元素に共通で，銅に限ったことではありません．ただ，単体金属としての銅は銀と並んで最も電気抵抗が小さい金属ですので，送電ケーブルなどの電気関連の用途で重要です．電気抵抗の小ささと熱の伝えやすさは深く関連していて，たとえば銅製の鍋は伝熱ムラのなさでは定評があります．

⑤のナフタレンの昇華性は衣服類の虫除けなどに利用するのに便利です．液体にならずに気体になっていきますから，ナフタレンの塊をポケットへ入れておいても，それが溶けて布地を濡らしたり汚したりということはありません．昇華性は水などのありふれた分子性物質においても見られるのですが，水素結合などの分子間引力の追加的な補強がない場合にとくに顕著に現れます．

次に，天然に産出される固体（鉱物，ミネラル）を見てみましょう．

問題 101 天然に産出する鉱物と，その主成分を構成する元素の一つとの組合せとして**誤っている**ものを，次の①〜⑤のうちから一つ選べ．

	天然に産出する鉱物	主成分を構成する元素の一つ
①	セッコウ	Ca
②	黄銅鉱	Cu
③	大理石	Fe
④	水　晶	Si
⑤	ダイヤモンド	C

〔25年度追試験第3問問1〕

解説 この問題の答えが③であることはすぐにわかると思います．さすがに白い大理石が鉄の化合物からなっているとは思わないでしょう．大理石はま

第9章 センター化学にみる，"これくらいは覚えておいてほしい"常識

さに石灰石そのもので，主成分は炭酸カルシウム（$CaCO_3$）です．①のセッコウ（石膏）は同じくCaの塩ですが，こちらは硫酸塩で，かつ，通常私たちが工作などで扱うのは二水和物（$CaSO_4 \cdot 2H_2O$）です．

②の黄銅鉱は「黄銅（銅と亜鉛の合金，真鍮）」とは関係ありません．この鉱物の組成式は$CuFeS_2$で，最も主要な銅の鉱物資源です．黄銅鉱から銅を取り出すと鉄と硫黄が残ります．硫黄は酸化されて製品としての硫酸となり，鉄は鉱滓（スラグ）として分離されます．

④の水晶は結晶性の二酸化ケイ素（SiO_2）です．無色透明であるところが⑤のダイヤモンドと一見似ていますが，ダイヤモンドは炭素の単体ですから組成は完全に異なります．1個の炭素原子に4個の炭素原子が共有結合した単位構造が広がったのがダイヤモンドで，強固な炭素－炭素共有結合でがんじがらめになっているだけにたいへん硬く，現在私たちが知るところの最も硬い固体物質です．もともと天然鉱物としてしか得ることができませんでしたが，近年は人工ダイヤモンドも普及し，切削工具などの性能の飛躍的な向上を実現しています．

物質はその化学種に応じて特有の発色を示すことがあります．金属の無機塩については，その中でもいくつか代表的なものを覚えておくのは損ではないでしょう．これは知識問題の色合いがありますので，この際，あまり深いことは考えずに頭に入れてしまいましょう．

問題 102

無機物質の固体とその色の組合せとして**誤っているもの**を，次の①～⑤のうちから一つ選べ．

	無機物質	色
①	Fe_2O_3	黒
②	$CaSO_4 \cdot 2H_2O$	白
③	$CuSO_4 \cdot 5H_2O$	青
④	Ag_2S	黒
⑤	K_2CrO_4	黄

〔26年度追試験第3問問4〕

解説 ①の酸化鉄（Fe_2O_3）の鉄の酸化数が+3であることに留意してくだ

さい．鉄をふつうに放置しておくとこの赤錆になります．ということは，黒色ではありませんね（①が正答です）．鉄の酸化物については，酸化数の順に，$FeO < Fe_3O_4 < Fe_2O_3$ と覚えておきましょう．少し変わりダネは Fe_3O_4（マグネタイト）で，三価と二価の個数の比が2:1になっています．この複数の価数の共存がマグネタイトの強磁性（磁石に引きよせられる性質）の原因です．

鉄が希硫酸に溶けたときの鉄イオンの価数はややこしい問題です．「これはなぜか二価なのだ」としかいいようがありません．ただ，酸化物などの固体になったときは二価よりも三価の方が安定な傾向があり，鉄の赤い錆は三価の酸化鉄 Fe_2O_3 ですし，鉄鉱石はたいてい Fe_2O_3 です．

②はセッコウですから，白です．カルシウムの無機塩が特有の色を呈することはまずないと思ってよいでしょう．"白い歯"というイメージ通り，真っ白です．

③は硫酸銅五水和物で，水和しているときだけ真っ青に発色します．硫酸銅の飽和溶液に種結晶をぶらさげて，菱形の青い結晶を作ったことがある人もいるでしょう．ちなみに，この青い結晶をカラカラに乾かすと水和水は消失し，白くてパサパサな固体（粉）になります．これは硫酸銅の無水和物（$CuSO_4$）です．青くていかにも結晶的な風貌をした硫酸銅五水和物が，乾いて粉のようになるので，この現象を「風解」と呼びますが，水和水がなくなるだけで硫酸銅は残っています．また，硫酸銅無水和物は少しでも水があるとあざやかな青色を呈するので，湿気の検出に使われることがあります．

④の硫化銀はまさに真っ黒で，陶器の着色に利用されることがあります．傾向として，重めの金属の硫化物は黒くなることが多いようです．

⑤はクロム酸カリウムです．この手の化合物は金属が二種類含まれていて，酸化数をどう理解すればよいかやや悩みますが，ポイントは，<u>カリウムは必ず独立した一価のイオンになる</u>ということです．（これは同じく1族の金属の Na も Li も同様です．）ということは，

$$K_2CrO_4 \rightarrow 2K^+ + CrO_4^{2-}$$

の右辺の CrO_4^{2-} は，ひとかたまりのクロム酸イオンというイオンなのです．金属のクロム酸塩の固体は発色がかなり強烈です．たとえばクロム酸カリウム

だけでなく，クロム酸鉛もたいへんあざやかな黄色をしています．この特徴的な発色はクロム酸イオンの黄色からきています．間違えやすいものに二クロム酸イオン（$Cr_2O_7^{2-}$）があり，こちらはオレンジ色（赤橙色）です．クロム酸イオンと二クロム酸イオンの間にクロム原子の酸化数（+6）の差がないことを覚えておきましょう．つまり，$CrO_4^{2-} \rightleftarrows Cr_2O_7^{2-}$ の反応は酸化・還元反応ではありません．

§9-4 "気体"種のマメ知識

固体の鉱物とはうって変わって，まず化学反応を起こさないという性質の気体，希ガス（不活性ガス）を見てみましょう．

問題 103 希ガスに関する記述として**誤りを含むもの**を，次の①〜⑤のうちから一つ選べ．
① 希ガスの単体は，すべて単原子分子である．
② 大気中に最も多く存在する希ガスは，ヘリウムである．
③ ヘリウムは，空気より軽い．
④ ネオンのイオン化エネルギーは，アルゴンのイオン化エネルギーより大きい．
⑤ アルゴンは，電球の封入ガスに用いられる．

〔25年度追試験第3問問2〕

解説 希ガスは18族で，周期表では最右端の縦の列です．上からヘリウム，ネオン，アルゴンくらいまでは私たちの日常生活でもよく用いられますから覚えておいた方がよいでしょう．ちなみに希ガスは英語で rare gas ですが，別名 noble gas（ノーブル ガス）といいます．noble metal は貴金属ですから，noble という英単語のニュアンスが察せられますね．最近は「貴金属」に対応して「貴ガス」と書くべきだという見解もあります．

① は正しくて，希ガスの単体は単原子分子です．希ガス元素は最外殻の電子軌道がちょうど埋まっていますから，とても安定な状態であり，1原子のまま（単原子分子）で存在しています．安定な状態ですから反応性は低く，他の

原子と共有結合を作ったり，希ガス自身がイオンになるということも，常識的な範囲ではまず起こりません．希ガス単体が単原子分子であるということと，希ガス自体がまず化合物を形成しないということは，どちらも希ガスの電子配置が閉殻であることに起因していると考えてください．

②は少し豆知識が要ります．大気を構成する気体種は多い順に窒素＞酸素＞アルゴン＞二酸化炭素ですので，この記述は誤りです（②が正答です）．大気にはこの他に水が必ず含まれます．もちろん水の組成は気象条件や場所により大きく変化します．たいへん湿っぽい大気の場合は酸素の次に水が多くなり，乾燥するに従って順は下がっていきます．ヘリウムも大気中に少し含まれていますが，その割合は二酸化炭素のそれよりもはるかに小さいのです．

③はもちろんその通りです．ヘリウム単原子気体の分子量は4（陽子と中性子それぞれ2個ずつ）ですが，空気の平均分子量は約29です．（←窒素80％，酸素20％で計算してみてください．）つまり，同体積では空気の方が七倍以上も重たいので，ヘリウムの風船は空気中で浮かびます．

④は（②が誤りなので）もちろん正しいのですが，その理由は理解しておいてください．原子番号はネオンが10であるのに対してアルゴンは18です．つまり，アルゴンの方が原子核からより遠い地点まで電子を分布させていることになります．原子核はプラス，電子はマイナスの電気を帯びていますから，遠い地点の電子ほど原子核からの引力を受けず，"やわらかくなっている"と考えましょう．

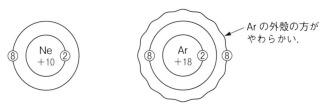

このため，1個だけ電子を飛ばすならば，アルゴンの方がネオンよりもそれに必要なエネルギーは小さくてすみます．もちろん，同じ希ガスの中でも，この傾向は原子番号が大きくなるほど強まります．ということは，ヘリウムを一価の陽イオンにするのが最もやっかいなわけです．

第9章 センター化学にみる,"これくらいは覚えておいてほしい"常識

⑤の,アルゴンが電球の封入ガスに用いられやすい理由を理解しましょう.まずアルゴンは大気中で三番目に多い成分ですから,手頃で入手しやすい希ガスです.電球中のタングステンフィラメントには電流が流れ2000℃以上まで温度が上がりますから,いくらタフなタングステン(W)といえども周囲に酸素があるとすぐに燃えてしまいます.これを防ぐために,反応性が極端に低い希ガスを封入しておく必要があるのです.

次に,同じように反応性が低い気体の代表格である二酸化炭素を見てみましょう.ただし事情は希ガスとはだいぶん異なります.

問題 104

二酸化炭素に関する記述として**誤りを含むもの**を,次の①~⑤のうちから一つ選べ.
① 鍾乳洞（しょうにゅうどう）は,石灰石が存在する地域で,水と二酸化炭素の作用によってできる.
② ナトリウムフェノキシドを高温・高圧で二酸化炭素と反応させると,サリチル酸ナトリウムが生じる.
③ 炭酸水素ナトリウムを加熱すると,二酸化炭素が発生する.
④ ギ酸を濃硫酸で脱水すると,二酸化炭素が発生する.
⑤ 炭酸カルシウムに塩酸を加えると,二酸化炭素が発生する.

〔25年度追試験第3問問3〕

⊕解説 二酸化炭素は,それ自体が含炭素化合物の完全酸化反応の最終生成物です.つまり,それ以上反応が起こらないという意味で,化学的に安定で反応性の低い化合物なのです.ところが,水にいくぶん溶解して炭酸イオン(CO_3^{2-})や炭酸水素イオン(HCO_3^-)になって陽イオンとペアを組む点は,希ガスとはまったく異なります.

①の鍾乳石の形成はまさにこれです.地下に流れ込んだ水に二酸化炭素が溶解すると弱い酸性になり,いくぶん石灰石(炭酸カルシウム)を溶かします.何かの条件で二酸化炭素の分圧が下がったりするとpHが上がって炭酸カルシウムの溶解度が減少し,溶けきれなくなった分は固体になって析出します.この現象が,ある決まった場所に長年垂れている水滴の落下点で起これば,落下点に少しずつ炭酸カルシウムがたまり,鍾乳や石筍（せきじゅん）が形成されます.

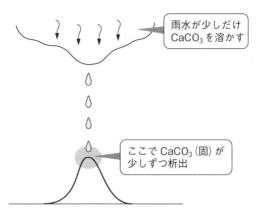

②の反応は工業的にサリチル酸を製造する定番の方法で，第8章問題87 (p.152) でもやりましたね．発見者の名前にちなんでコルベ–シュミット反応と呼ばれます ($C_6H_5\text{-}ONa + CO_2 \to C_6H_4(OH)(COONa)$)．この反応を進めるには，高い圧力を掛けて二酸化炭素分子がナトリウムフェノキシドと衝突する頻度を上げるのが有利です．

③の重曹 (じゅうそう) ($NaHCO_3$) の熱分解はおそらく中学校の理科室でもよく行われる簡単な実験で，$2NaHCO_3 \to Na_2CO_3 + H_2O + CO_2$ という分解反応です．これは温度を上げると急速に進みますが，室温や水溶液中でも起こります．炭酸水素ナトリウムは炭酸ナトリウムといろいろな点で似てはいるのですが，後者の方がはるかに化学的に安定です．

④のギ酸 ($H\text{-}(C{=}O)\text{-}OH$) の脱水反応の生成物が CO_2 ではなくて CO であることは，O の数を数えればすぐにわかります．よって，④が正答です．逆に，水に一酸化炭素が溶解すると両者の化合が起きてギ酸が生成します．

⑤は当然正しい記述です．炭酸と塩酸を比較すると後者の方がはるかに強い酸なので，弱い方の炭酸は二酸化炭素の形で追い出されます（弱酸の遊離）．炭酸は酸の中でも格別に弱い方で，弱酸の代表格であるカルボン酸よりもさらに弱いくらいです．よく，調理器具ややかんに固着した白い塊（炭酸カルシウム）を溶かすのに，カルボン酸の一種であり果実などにも多く含まれるクエン酸を使用します（クエン酸洗浄）．カルシウムイオンは，炭酸より多少は強い酸であるクエン酸を，イオンの対 (つい) の相手に選ぶわけです．よって，クエン酸で

白い塊を除去しているときに発生する泡もまた二酸化炭素です．

ハロゲンについて，まだ各論的に見ていなかったことをさらってみましょう．

> **問題 105** ハロゲンの単体および化合物に関する記述として**誤りを含むもの**を，次の ①～⑥ のうちから一つ選べ．
> ① フッ素は，水を酸化する．
> ② 塩素は，常温・常圧で気体である．
> ③ 臭素は，常温・常圧で液体である．
> ④ ヨウ素は，常温・常圧で固体である．
> ⑤ フッ化水素酸は，弱酸である．
> ⑥ 次亜塩素酸の塩素原子の酸化数は，-1 である．
>
> 〔24 年度追試験第 3 問問 4〕

◎解説 ① の「フッ素が水を酸化する」というのは意外に感じられる表現ですが，じつは正しいのです．フッ素気体 F_2 は水に接触すると激しく反応してフッ化水素を生成します．

$$H_2O + F_2 \rightarrow 2HF + O_2$$

このときフッ素原子の酸化数は 0 から -1 へ減少しています．ということは，対(つい)の反応物質の水は酸化されているはずです．確かに酸素原子の酸化数は -2 から 0 へ増加しましたから，水は酸化されているということになります．

ハロゲン単体はもともと酸化力が高いのですが，その中でもフッ素ガスは別格の感があります．そのこともあり，フッ素を安全に扱う工程設備を備えることができる事業所は全国的に見てもたいへん稀少です．ハロゲンの酸化力は $F_2 > Cl_2 > Br_2 > I_2$ の順，つまり周期表を下へいくほど小さくなります．

② の塩素が常温・常圧で気体であることはよく知られています．塩素ガス Cl_2 は薄い黄緑色をしています．塩素はすぐに水と反応して次亜塩素酸（HClO）と塩酸を生成します．さらに次亜塩素酸は水中で，塩酸を発生します．ですから，もし塩素ガスを吸い込んでしまうと，肺の中で塩酸ができます．塩素の吸入は大変危険なわけです．フッ素と比較すると塩素はポピュラーで，塩素系漂白剤などの家庭用品や実験室の試薬から発生することが多いので，扱いには注

意が要ります．吸入のみならず目に入ってもいけません．

　③の臭素は常温・常圧では液体で，濃い褐色をしています．酸化力は塩素よりもいちだん低いのですが，やはり毒性はあります．

　④のヨウ素は臭素よりもさらに分子量が大きくなり，常温・常圧では固体です．ちなみに，ハロゲン元素の中では，フッ素（弗素）とヨウ素（沃素）は慣用的にカナ書きされることが多いようです．とはいえ，それほど難しい漢字ではありませんから，この程度は（最低限，読みだけでも）覚えておきましょう．②〜④をまとめると，常温・常圧では，F_2とCl_2は気体，Br_2は液体，I_2は固体です．

　⑤のフッ化水素酸はフッ化水素（HF）が水に溶けたものです．これはガラスも溶かすほどのツワモノ液体ですが，意外なことに，酸としての性質は弱いのです．ただ，皮膚についた場合の危なさの程度は，同じハロゲン化水素である塩化水素の水溶液である塩酸（←代表的な強酸）よりもだいぶうわてです．

　⑥ははっきりいって難しい問題です．ただ，①から⑤までがかなり容易に「正」であることがわかるので，⑥が誤りであること自体は察しやすくなっています．（テスト問題としては，辛抱して①から⑤までをよく読んだ人が答えられるようになっているというあんばいですね．）どこが難しいかというと，塩素のオキソ酸（←酸素と塩素が結合した種で，酸性を示すもの）の種類はやたらに多いというところです．これをすべて正確に記憶しておけというのは少し厄介すぎる注文ですが，ここで一度だけまとめておきましょう．

　　　　次亜塩素酸 HClO　：Cl の酸化数は +1
　　　　亜塩素酸　 $HClO_2$ ：Cl の酸化数は +3
　　　　塩素酸　　 $HClO_3$ ：Cl の酸化数は +5
　　　　過塩素酸　 $HClO_4$ ：Cl の酸化数は +7

この中で，HClO（次亜塩素酸）の他は，実際にはほとんど遭遇しないでしょう．次亜塩素酸のナトリウム塩は水泳プールの殺菌で広く使われていますので，なじみがあると思います．また，水道源水の殺菌にも使われます．ただし，最近は日本国内では源水の汚濁の程度が数十年前と比較するとはるかに低いことも

あり，オゾン殺菌を使用するケースが多くなりました．今後は次亜塩素酸のこの利用法は漸減していくでしょう．とりあえず，塩素はやたらに広い幅で酸化数をとり，それゆえオキソ酸の種類が多いのだ，ということだけ覚えておけばよいでしょう．

§9-5 無機化学のマメ知識

次は，アンモニアを思いきり酸化して硝酸までもっていってしまうという，硝酸の製造法（オストワルト法）についての知識問題です．無機化学プロセスの中でもたいへん有名な手法なので，一度は確認しておきましょう．

問題 106

アンモニアから硝酸を製造する方法（オストワルト法）に関連する記述として**誤り**を含むものを，次の①～⑤のうちから一つ選べ．
① NO は，白金を触媒として NH_3 と O_2 を反応させてつくられる．
② NO は，水に溶けやすい気体である．
③ NO_2 は，NO を O_2 と反応させてつくられる．
④ NO_2 と H_2O の反応で生成する HNO_3 と NO の物質量の比は，2：1 である．
⑤ NO_2 と H_2O の反応で生じた NO は，再利用される．

〔24 年度本試験第 3 問問 3〕

解説 ① は正しい記述です．これはオストワルト法の最初の段階で，

$$4NH_3 + 5O_2 \xrightarrow{Pt,\ 800～900℃} 4NO + 6H_2O$$

と書けます．白金（プラチナ）は金と並び最も代表的な貴金属で，耐久性が高いこともあり，高級装身具(アクセサリー)の素材というイメージが先行しています．しかし，じつは化学工業での触媒の役割がたいへん大きいのです．熱にも耐え，化学変化もほとんど起こしませんから，その化学素材としての有用性は将来的に増大こそすれ，廃(すた)れることはありえないでしょう．アンモニアが一酸化窒素になるとき，窒素原子の酸化数は −3 から +2 へ増加します．白金触媒は酸化・還元を伴う反応にしばしば使用されます．

②は間違いで，最初の段階で生成した一酸化窒素はまだ水にあまり溶けません（②が正答です）．二酸化窒素へのさらなる酸化は空気中で起こります．

③の二酸化窒素の生成反応は，それが空気中で起こることからも明らかでしょう．いったん二酸化窒素（窒素の酸化数 +4）まで酸化されると一気に水に溶けやすくなります．水に溶けるとすぐに水と化合して硝酸 HNO_3 になります．反応を順を追って見ると，

$$4\boxed{NH_3} + 5O_2 \rightarrow 4\boxed{NO} + 6H_2O$$
$$2\boxed{NO} + O_2 \rightarrow 2\boxed{NO_2}$$
$$3\boxed{NO_2} + H_2O \rightarrow 2\boxed{HNO_3} + NO$$

です．よって④の記述は正しいのです．最初から見ると，窒素の酸化数は，−3（アンモニア）→ +2（一酸化窒素）→ +4（二酸化窒素）→ +5（硝酸）と，順次増加していきます．最後の二酸化窒素から硝酸が生成する反応でも，酸化数がさらに増加することに留意しましょう．一つ気がついてほしい点は，<u>酸化と還元は必ず同時に起こるので，三分の一の二酸化窒素は逆に一酸化窒素へ還元され，トータルではつじつまが合う</u>というところです．

⑤は，化学そのものというよりは硝酸製造工程上の工夫です．反応に使える副生成物などを工程のはじめの部分へ戻すというのはたいへん合理的ですから，皆さんも納得いくと思います．このような「戻し」操作のことをリサイクルあるいはリサイクリングと呼んでいます．英単語の recycle は re と cycle をつなげたもので，re は「再」，cycle は「環(わ)」，「輪(わ)」を示します．つまりリサイクルとは，「再び循環のわの中へ組み込む」ということを意味します．

次はリンの問題です．リンは無機化合物中でも，あるいは有機化合物中でも，かなり複雑な反応をもたらす元素です．その複雑さゆえ，リンにまつわる反応を系統的に記憶の引き出しへ入れておくのはほとんど不可能なのですが，センター試験で言及されている内容に肉付けしておくのは無意味ではないでしょう．

問題 107

リンに関連する記述として**誤りを含むもの**を，次の①〜⑤のうちから一つ選べ．

① リンは窒素と同じ族に属する元素である．

② 赤リンは黄リンより反応性が低い。
③ リンの単体は，空気中で燃焼すると，十酸化四リン（五酸化二リン）になる。
④ 十酸化四リンは，水を加えて加熱すると，リン酸になる。
⑤ リン酸は2価の酸である。

〔26年度追試験第3問問3〕

Q解説 ① はもちろん周期表を見ればすぐに正しい記述であることがわかりますが，筆頭の水素から始めて3周期目くらいまではとにかく暗記しておきましょう．NもPも15族で，価電子は5個です．しばしば，同じ縦の列（同族）の元素の性質は互いに似ているといわれるのですが，NとPは化合物を形成するうえではかなり性質が異なります．（単体としても，かたや通常は気体ですが，かたや固体です．）リンの方が原子番号が大きく，その分だけリンの方が窒素よりも化合物の形成の仕方に複雑さやバリエーションがあると感覚的にとらえておけばよいでしょう．窒素もリンも，その酸化物が水に溶けると酸（オキソ酸）になります．しかし窒素のオキソ酸の代表格が硝酸（HNO_3）であるのと比較すると，リンのそれはリン酸（H_3PO_4）で，硝酸よりもはるかに弱い酸です．また，窒素もリンも有機化合物の構成元素になりやすく，生体にも多く含まれています．ごく大ざっぱにいえば，窒素は肉（アミノ酸，タンパク質）を，リンは骨（リン酸カルシウム）を構成していると考えてよいでしょう．

② の赤リンと黄リンは互いに同素体ですが，取り扱いのうえで問題となる性質がまるきり異なっています．もともと単体のリン自体は酸素と化合する形で燃焼し，酸化物を作りやすいという意味ではそれなりに反応性に富んでいるのですが，赤リンと黄リンではその激しさが大違いです．赤リンはマッチ（の箱側の擦る部分）に使われるくらいですから，常温・常圧で勝手に燃えだしたりすることはありません．しかし黄リンは，自然発火するうえに，皮膚に接触すると細胞組織に致命的なダメージを与えます．このような危険がとても大きいので，黄リンの実物を見たことがある人はまれでしょう．黄リンは通常は水の中に浸漬し，酸素と接触しないよう厳重に管理して保存します．（じつは筆者も黄リンの実物は見たことはありません．）

③ は実際に実験した人は少ないと思われますが，リンを酸素共存下で加熱するとよく燃えて灰が残ります．このリンの酸化物の組成式はP_2O_5（Pの酸化数は +5）なのですが，P_4O_{10}と分子式で記されることが多いようです．

④ の反応はわかりますね．$P_4O_{10} + 6H_2O \rightarrow 4H_3PO_4$ となります．水を加えることにより一かたまりの結晶性酸化物であった十酸化四リンをばらし，水溶性の電解質へと転化する化学反応なので，これは一種の加水分解と考えてもよいでしょう．リン酸については，その化学式から明らかなように，三価の酸である点を覚えておきましょう．

⑤ は誤りです（⑤ が正答です）．ただしリン酸H_3PO_4の電離自体は$H_2PO_4^- \rightarrow HPO_4^{2-} \rightarrow PO_4^{3-}$のように段階的に起こるのは，他の多価電解質と同様です．

次は14族の元素の知識問題です．14族と一口にいっても，原子番号が小さい方から炭素→ケイ素→ゲルマニウム→スズ→鉛と推移するにつれ，ずいぶんと趣が変わります．ゲルマニウム以降は金属元素です．鉛はよく目にする金属ですが，かなりの重金属の部類で，その原子量は白金・金・水銀のいずれよりも大きいのです．

問題 108 14族元素の単体に関する記述として**誤りを含むもの**を，次の①〜⑤のうちから一つ選べ．
① フラーレンC_{60}は，球状の分子である．
② ケイ素は，ダイヤモンドと同様の結晶構造をもつ．
③ ケイ素は，二酸化ケイ素を還元してつくることができる．
④ スズは，常温で希塩酸に溶けやすい．
⑤ 鉛は，常温で希塩酸に溶けやすい．

〔25年度本試験第3問問2〕

解説 ① の炭素の同素体は，筆者が高校時代に化学を教わっていたころは，ダイヤモンドと黒鉛（グラファイト）の二種類，と相場が決まっていました．最近はこれに加えてC_{60}（フラーレン）とカーボンナノチューブが仲間入りしています．C_{60}は「炭素原子からなるサッカーボール」などともいわれ，その形状はとても有名なので，ここで解説する必要はないでしょう．カーボンナノ

第9章 センター化学にみる，"これくらいは覚えておいてほしい"常識

チューブは飯島澄男博士が1991年に発見した「日本発」の素材の一つといえます．近年さまざまな方面への応用が拡がっています．

②のケイ素単体は，ダイヤモンドと同じように一つの原子がまわりの4個のケイ素原子と共有結合してできあがった頑丈な共有結合網からなっており，たいへん硬いものです．

③も正しく，これは $SiO_2 + 2C \rightarrow Si + 2CO$ という反応です．

④と⑤はスズと鉛の差異を問題にしています．スズも鉛も両性金属であるという特徴があります．すなわち，酸とも塩基とも反応して塩を形成します．アルミニウム，亜鉛もこの両性という性質を示します．スズも鉛も塩酸と反応して塩化物を形成するのは同じなのですが，鉛の場合，表面に塩化鉛 $PbCl_2$ の緻密な層が形成されます．このため，塩酸が鉛のかたまりの奥まで浸透していかないのです（つまり，正答は⑤です）．率直なところ，このことを知っていたら，かなり大したものだと思います．

次問の硫黄は単体がマッチに含まれていたり，鉛蓄電池の電解液として硫酸が大量に世の中に出回っていたりと，身の回りにたくさんあふれた元素なのですが，硫黄そのものについては意外とよく知られていなかったりします．

問 109 硫黄の化合物に関連する記述として**誤りを含むもの**を，次の①〜⑤のうちから一つ選べ．
① 亜硫酸水素ナトリウムと希硫酸の反応により，二酸化硫黄が発生する．
② 硫化水素は，ヨウ素によって還元される．
③ 硫化水素は，2価の弱酸である．
④ 濃硫酸を加えると，スクロース（ショ糖）は黒くなる．
⑤ 濃硫酸を水に加えると，多量の熱が発生する．

〔25年度本試験第3問問4〕

解説 ①は亜硫酸水素ナトリウムと希硫酸の反応という，なんだか似たような化合物の反応ですが，弱い方の酸の追い出し，という図式で理解することが可能です．硫黄のオキソ酸には代表格の硫酸 H_2SO_4 と弟分の亜硫酸 H_2SO_3 があり，前者は後者よりもはるかに強い酸です．亜硫酸水素ナトリウム

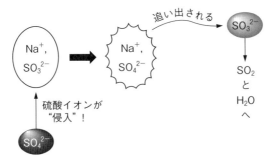

（NaHSO$_3$）は，Na$_2$SO$_3$ に比べると中途半端ながらも亜硫酸のナトリウム塩です．そこへ本格派の硫酸が勝負をしかけてきた場合，ナトリウムイオンの対になるのは硫酸イオンで，亜硫酸イオンは逃げだすしかありません．硫酸イオンに奪われてしまうと，亜硫酸イオンは水に溶けていづらくなってきます．すると SO$_3^{2-}$ + 2H$^+$ → SO$_2$↑ + H$_2$O となって，二酸化硫黄の気体が追い出されるように発生します．

② の硫化水素の硫黄原子は単体の硫黄になりやすいのです．このとき，硫黄の酸化数は -2 から 0 へ増加していますから，還元ではなく酸化されていることになります（② が正答です）．逆にヨウ素単体は還元されてヨウ化水素（HI）となります．

③ は正しく，硫化水素は弱い酸です．

④ の濃硫酸は，いってみれば，たいへん水に飢えています．たとえば，スクロース（C$_{12}$H$_{22}$O$_{11}$）のような炭水化物1分子から11分子の水を奪い，真っ黒な炭素を残します．（C$_{12}$H$_{22}$O$_{11}$ から 11 H$_2$O を引けば C だけが残ります．）

⑤ の濃硫酸の希釈熱はかなりすさまじく，濃硫酸に水をうっかり注いでしまうと沸騰してたいへんです．濃硫酸から希硫酸を得るためには，充分な量の水へ少しずつ濃硫酸を加えて希釈する必要があります．

問題 110

ビーカーに物質をはかり取り，空気中に放置したときに生じた変化のうち，ビーカーの内容物の質量が減少したものを，次の①〜⑤のうちから一つ選べ．

① 濃硫酸中の硫酸の濃度が低下した．

② 炭酸ナトリウム十水和物の結晶が風解した．
③ 塩化カルシウムの結晶が潮解した．
④ 水酸化カルシウム（消石灰）の固体が炭酸塩になった．
⑤ 硫酸銅（Ⅱ）無水物の白色の固体が青色になった．

〔24年度追試験第3問問1〕

解説 ①～⑤の変化には，すべて水がからんでいます．まず①から見ていきましょう．濃硫酸は濃度が90％以上の硫酸水溶液です．「濃度が低下」したのですから，溶媒である水が増えたか，もしくは溶質である硫酸が減ったかのどちらかです．しかし，第5章問題53（p.94）で確認したように，硫酸は不揮発性なので後者はありえませんね（これは取り扱い上，硫酸と塩酸の最も異なる点です）．濃硫酸を空気中に放置したのですから，空気中から水が入ってきたわけです．一般的な物質の性質として，濃いものは周囲にある他のものと混ざって薄まろうとする傾向があります．とくに硫酸は水と混ざって薄まろうとする傾向が強いのです．それゆえ，空気中に濃硫酸を置いておくと，空気中の水蒸気を取り込んで薄まろうとします（これを吸湿性と呼びます）．①では取り込まれた水の分だけ質量が増加します．このような性質のため，濃硫酸を乾燥剤として使用することもできます．濃硫酸の他にも，たとえば食塩（NaCl）にも吸湿性があり，皿に盛って放置しておくと質量が増します．

さらにすごいことに，デンプンやブドウ糖などの炭水化物に濃硫酸をかけると炭化して黒くなります．これは濃硫酸が，炭水化物を形成している水素原子と酸素原子を，H_2O分子の形で引っ張り出すからです．これは脱水作用で，問題109④でもみましたね．脱水作用と吸湿性は根本的に違うものですが，とにかく濃硫酸は「水に飢えていて，水を摂りたがっている」ということをおさえておきましょう．

②の炭酸ナトリウム十水和物の変化については，すでに文中に「風解」と記されています．水和物が風解するということは，水和物を形成している水が空気中へ散らばって去り，炭酸ナトリウム無水和物だけが残るということですから，水和物が消失した分だけ質量は減少するはずです（②が正答です）．この現象は一見普通の「乾燥」に似ており，一種の乾燥であると思っておいてもよ

いようなところはあるのですが，水和物を形成している水は単に水としてそこにあるわけではなく，何らかの形で本体の物質の構造の中に組み込まれているという意味で，風解は乾燥とまったく同じというわけではありません．また，風解という用語から想起されるように，一般的には水和水がなくなると，残された無水和物は水和物よりもパサパサした風合いの粉っぽい様態へ変化することが多いようです．

③も②と同様に，現象を表す用語「潮解」が書き込んであります．潮解は現象の本質としては，①の吸湿性と非常によく似ていますが，とくに固体が水蒸気を吸収して水溶液になる場合に使われます．固体の塩化カルシウムは水によく溶けます．つまり，近くに水があればそれを取り込んで水溶液になろうとする傾向（潮解性）が強いのです．水蒸気をいくらか含んだ空気中に乾燥した塩化カルシウムを置いておけば，水蒸気を取り込んで（たとえ部分的にであっても）水溶液になろうとします．つまり潮解というのは，部分的な溶解であると考えてよいでしょう．もちろん潮解がどんどん進めば完全に水溶液になります．（押入れなどの中の除湿に使われる製品がありますね．）

④は「炭酸によるカルシウム塩の生成」ですから，中和反応です．反応式を書くと，$Ca(OH)_2 + CO_2 \rightarrow CaCO_3 + H_2O$ となります．ここで注意しておいていただきたいのは，Caのモル数は変化しないが，Caの化合物が水酸化物から炭酸塩へ変化するため，式量の差相当分だけは質量が変化するということです．$Ca(OH)_2$ と $CaCO_3$ の式量はそれぞれ 74 と 100 なので，消石灰から炭酸塩への変化が完全に進めば質量は 100/74 倍になるはずです．よって質量は増加します．

⑤は水和です．硫酸銅の無水和物 $CuSO_4$（無色）を水に溶かすと，容易に五水和物 $CuSO_4 \cdot 5H_2O$（青色）になります．式量が 160 から 250 へ増加しますから，質量は増加します．

化学産業の事業所などでとくに気を使うことの一つに，化学物質の保存の問題があります．物質の性質を理解した上で保存しておかないと，程度の差はあるにせよ，保存されている化学種に何らかの変化が起こってしまうことがあるからです．

第9章 センター化学にみる,"これくらいは覚えておいてほしい"常識

問題 111 化学薬品の性質とその保存方法に関する記述として**誤りを含むもの**を,次の ①～⑤ のうちから一つ選べ.

① フッ化水素酸はガラスを腐食するため,ポリエチレンのびんに保存する.
② 水酸化ナトリウムは潮解するため,密閉して保存する.
③ ナトリウムは空気中の酸素や水と反応するため,エタノール中に保存する.
④ 黄リンは空気中で自然発火するため,水中に保存する.
⑤ 濃硝酸は光で分解するため,褐色のびんに保存する.

〔24年度本試験第3問問1〕

解説 ① のフッ化水素酸の化学種としての激しさはよく知られています.同じハロゲン化水素の塩化水素の水溶液である塩酸と比較すると,酸としての性質ははるかに弱いのですが,まずガラスを溶かすという特異な性質があります.皮膚への浸透性は高く,骨へ至るとカルシウムと反応してフッ化カルシウム(CaF_2)を生成し,骨を化学的に破壊します.

② の水酸化ナトリウムの潮解もやっかいな性質です.この性質のため,精確に水酸化ナトリウムを量りとって所望の濃度の NaOH 水溶液を調製するのは容易ではありません.このため,$1\,mol\,L^{-1}$ など,きりのよい数字の濃度に調製された水酸化ナトリウム水溶液をわざわざ実験用に購入することがしばしばあります.むろん,最も簡便に水を遮断する方法は密閉容器への格納です.また,濃水酸化ナトリウム水溶液は,ガラスなどに代表されるケイ酸化合物を溶かすので,水酸化ナトリウムをガラス製の容器中で保存するのはタブーです.ガラス(主成分はシリカ(SiO_2))が水酸化ナトリウム水溶液に溶けるというのは,一種の酸・塩基中和反応と考えられます.

③ の前半は正しい記述です.ナトリウムはとにかくイオン化傾向が大きく,空気中に放っておけばすぐに酸素や水蒸気と反応して Na_2O や NaOH になってしまいます.Na_2O は水と容易に反応して水酸化ナトリウムへ変化します.水蒸気と反応することからも察せられるように,金属ナトリウムと水を接触させるのは,化学操作の中でもタブー中のタブーです.金属ナトリウムを水へ入れると,$Na \rightarrow Na^+$ というナトリウムの「酸化」に伴って水の水素原子が還元

され，水素気体が発生します．この反応はかなりの発熱反応なので，発生した水素は瞬時に爆発的に燃焼してたいへん危険です．だったらエタノール中ならば安全かというと，これは大きな間違いで，水素気体を発生しながら，ほとんど同じ反応が進行します．よって正答は ③ です．

$$2CH_3CH_2OH + 2Na \rightarrow 2CH_3CH_2O\text{-}Na + H_2$$

$CH_3CH_2O\text{-}Na$ はナトリウムエトキシドと呼ばれます．フェノール ($C_6H_5\text{-}OH$) でも同じ反応が起き，ナトリウムフェノキシドができます ($C_6H_5\text{-}ONa$)．しかし，さしもの金属ナトリウムでも，さすがに炭化水素から水素を引っこ抜くことはできないのです．よって，灯油やガソリンに浸しておけば反応が起こることはありません．

④ の黄リンは空気中の酸素と反応して発火し，皮膚に触れれば細胞組織を冒すので，私たちがふつう目にすることはありません．水中に保存します．黄リンの同素体である赤リンにはそのような過激な性質はありません．（赤リンはマッチ箱の塗布の主成分です．意外にも，マッチ棒の先端に赤リンは含まれていません．）

濃硝酸は ⑤ のように褐色びんに保存します．光が当たると徐々に二酸化窒素へと分解されます．

$$4HNO_3 \rightarrow 4NO_2 + 2H_2O + O_2\uparrow$$

この反応では窒素の酸化数は $+5$ から $+4$ へ減少していますから，窒素は還元されていることになります．酸素は上式内の右辺中の全12個のうち2個の酸化数が -2 から 0 へ増加していますから，酸化されていることになります．

第9章のまとめ

　いわば雑学をできるだけ仕入れておこうというコンセプトで書かれたこの章を終えるにあたって，もはや申し述べることはありませんが，単なる知識というのは決してバカにはできません．大海のなかにポツンポツンと点在する知識があるおかげで，大事なトピックがとても身近に感じられることもしばしばあります．

　物質には無数の種類がありますから，その中でも何かのきっかけで遭遇する確率が大きそうなものを取り上げておくのが得策でしょう．その意味では，ここで取り上げた21のトピックは，身近さの度合いが大きく，かじったことがある，という記憶だけでも頭に残しておいて損はないでしょう．

あとがき

　2009年夏，横浜国立大学教育人間科学部の中村栄子先生，松本真哉先生に，当時裳華房におられた山口由夏さんを紹介していただいた．経緯は省くが，学習者の興味や好奇心頼みではない学習手引きがいまや必要だという話になり，当時同大学工学部の化学科ではない学科に勤めていた私が，理系全般として必要な化学のミニマムの知識を提供する書を敢えてつくってみろということになった．人生はわからないもので，半年後の2010年に福島県いわき市平(たいら)に在る福島工業高等専門学校に奉職する機会を得た．高専での新経験群に圧倒されるうちに地震と津波がきた．様々な余分なくさみのある欲はごっそりと削げたが，そもそも本を手に学ぶ意味など芥子粒(けしつぶ)のように思えて已まず，何かを積極的に書こうとするのに必要な自意識も流された．あの時分，毎日がめぐること自体にハッキリとした感触をつかめず，表現のしようがない．昔のことではないが，信じられぬほど遠い日のように思える．この期間裳華房の小島敏照さん，内山亮子さん，山口由夏さんに迷惑をかけた．編集での多大な御尽力を含め，心底からの御礼を申し上げたい．横浜国立大学松本先生には筆者の理解ちがいの御指摘を含め多くの助言をたまわった．御紹介いただいた中村栄子先生にも御礼申し上げる．福島高専での教務経験からいろいろなことを教えられた．私などに辛抱づよくつきあってくださる同僚，学生諸氏には頭があがらない．今後の高等教育行政の行方は私にはわからないが，早期専門教育を一応うりとする高専がもはや大学との差異性を看板として意識しつづけられる時代ではなく，理系としての「ふつうの優秀さ」が今後の活路を拓くと感じる．私の体たらくで時間を過度にとったことにより，この小冊子の上梓を気にかけてくださっていたのに最期に間にあわなかった方もおり，とりかえしのつかない大きな無念もある．人生の短さをいたくつらく感じる．日々これ残日録と思い，石飛礫(いしつぶて)となって自ら無の想いで研究に励みたい．

2016年10月

　　　　　　　　　　　　　　　　　　　　　　　　　　　車田　研一

索 引

あ

IUPAC 名　121
アセチレン　140
アニリン　121, 154
アボガドロ定数　32
アミド結合　151
アミノ基　120, 151
アミノ酸　120
アルカリ金属　14
アルカリ性　66
アルカン　132, 165
アルコール　86
　第一級――　128
　第二級――　128
　第三級――　128
アルデヒド　86
アルデヒド基　120
アルミナ　176
アレニウスの酸・塩基　66
安息香酸　159

い

イオン　21
イオン化エネルギー　21, 184
イオン化傾向　14
イオン結合　9
イオン交換膜　108
異性体　130
陰極　99

え

エーテル　120, 133
エステル　120, 142
エステル結合　126
塩基性　66
炎色反応　179
延性　172, 180

お

オキソ酸　80, 189
オクテット則　15
オストワルト法　190
オゾン　168

か

会合　167
会合性　167
界面活性剤　167
過酸化水素　93
加水分解　142
価数　183
カソード　169
価電子　10, 14
過マンガン酸カリウム　91
カルボキシ基　120
カルボン酸　86
環式炭化水素　123
官能基　119

き

幾何異性体　130
希ガス　13, 184
貴金属　110
気体定数　34
吸着　164
強酸　69
凝縮　167
鏡像異性体　132
共有結合　9
極性　122

く

グリセリン　143, 170

け

結晶　19
結晶性固体　35
ケトン基　129
けん化　143, 170
原子番号　10

こ

光学異性体　132, 136
合金　172
硬水　170
構造異性体　130
混合物　19
　――の分離　153

さ

錯イオン
　[Al(OH)$_4$]$^-$　88, 177
　[Cu(NH$_3$)$_4$]$^{2+}$　174
　[Zn(OH)$_4$]$^{2-}$　43
サリチル酸　152, 155
酸・塩基反応　84
酸化・還元反応　85, 115
酸化剤　85
酸化力　106
三酸化硫黄　91
三重結合　134
酸性　66

し

紫外線　168
シクロヘキサン　127
シス　130
シス-トランス異性体　130
質量数　10
質量パーセント濃度　25
脂肪酸　143
弱酸　69
周期表　8
シュウ酸　91
重曹　187
充電　102
純物質　19
昇華　166
状態量　51
蒸発熱　60
蒸留　163
シロキサン結合　87

親水性　170

す

水和物
　——の濃度計算　30
スルホ基　120
スルホン酸　120

せ

正極　169
制限成分　151
生成熱　53
セッケン　170
絶対温度　34
遷移金属　173
遷移元素　13, 173

そ

族　12
疎水性　170
組成式　19

た

脱水作用　196
脱水縮合　151
ダニエル電池　100, 112
単原子分子　34
単体　17, 50
タンパク質　120

ち

置換　9, 89
抽出　163

中性子数　10
中和　70, 84
中和熱　60
潮解　197
超臨界　164

て

滴定　72
滴定曲線　73
電解精錬　111
電気伝導性　22
電気分解　98
典型元素　13
電子雲　128, 145
電子数　10
電子対　78
展性　180
電池　98
電離　76

と

同位体　16
同素体　16
トランス　130
トルエン　159

な

鉛蓄電池　102

に

二重結合　123
乳化　167

203

索　引

ね
熱化学方程式　49
燃焼熱　53

の
濃硫酸　94

は
配位結合　174
配位子　174
八隅子則　15
ハロアルカン　9
ハロゲン　12
反応溶媒　170
反応量論比　143

ひ
pH　70
非金属　13
ヒドロキシ基　128
標準状態　31
漂白　167

ふ
風解　183, 196
フェノール　156
フェノール類　150
付加　137
賦活　164
不活性ガス　13, 184
不斉炭素原子　125
フッ化水素酸　198
沸点　123, 165

不動態　177
ブレンステッドの酸・塩基　68
分子間力　129
分子式　19
分子性化合物　19
分留　163

へ
ヘスの法則　56
ベンゼン　127, 145
　——の置換反応　147
　——の付加反応　147
ベンゼン環　127

ほ
芳香環　127
芳香族性　145
放射性同位体　11
放電　103
飽和炭化水素　132
　鎖式——　124
　直鎖——　122
ボーキサイト　176
ポリビニルアルコール　142

み
水のイオン積　75

め
メチルオレンジ　75, 147
メチル基　123

も
モル濃度　25

ゆ
融解熱　61
融点　20, 123
油脂　143, 170

よ
溶解熱　62
陽極　98
陽子数　10
溶融塩電解法　176
ヨードホルム反応　149

り
リサイクル　191
硫化水素　90
硫化物　173
硫酸銅　92
両性金属　43, 177

る
ルイスの酸・塩基　78

ろ
ろ過　163
緑青　87

著者略歴

車田 研一（くるまだ けんいち）

1970年生
1992年　東京大学工学部化学工学科卒業
1995年　京都大学大学院工学研究科中退
1995年　京都大学大学院工学研究科助手
2000年-2001年　英国イーストアングリア大学ノリッジ校研究員
2002年　横浜国立大学工学部生産工学科助教授
2010年　福島工業高等専門学校教授
　　　　現在に至る．

専門分野：化学工学，プロセス工学，各種単位操作

化学ギライにささげる 化学のミニマムエッセンス

2016年11月25日　第1版1刷発行

著作者	車田 研一
発行者	吉野 和浩
発行所	東京都千代田区四番町8-1
	電話　03-3262-9166（代）
	郵便番号　102-0081
	株式会社　裳華房
印刷所	三報社印刷株式会社
製本所	株式会社　松岳社

検印省略

定価はカバーに表示してあります．

社団法人
自然科学書協会会員

JCOPY 〈(社)出版者著作権管理機構 委託出版物〉
本書の無断複写は著作権法上での例外を除き禁じられています．複写される場合は，そのつど事前に，(社)出版者著作権管理機構（電話03-3513-6969，FAX03-3513-6979，e-mail: info@jcopy.or.jp）の許諾を得てください．

ISBN 978-4-7853-3510-6

© 車田研一，2016　　Printed in Japan

化学はこんなに役に立つ －やさしい化学入門－

山崎 昶 著　B5判／2色刷／160頁／本体2200円＋税

◆ 高校で学んだ化学が，大学でちっとも役立たないと感じておられる方．
◆ 推薦入学などで，とくに化学の受験勉強を手抜きしてしまったままで大学に入学した方．
◆ 生物学，看護学，保健学，医療科学，環境分野など，受験化学の枠を越えた幅広い分野での活躍を望まれる方．
◆ 化学の本当の基礎を身につけて，マスコミやネットなどで飛び交っている日常のさまざまな問題を正しく判断したい方．……

そんな方々が「化学はこんなに役に立つ」「化学は身（命）を助ける」ことを実感できる，化学が好きになる実践的な入門書です．

【主要目次】
1. 化学で使ういろいろな言葉や概念
2. 化学種
3. モルの意味の変遷
4. 元素と単体，原子，分子，イオン
5. 化学結合
6. 物質の三態
7. 分子構造とスペクトル
8. 酸と塩基・化学平衡
9. 酸化と還元・熱力学
10. 周期律と簡単な無機化学
11. 有機化学の手ほどき －その1－
12. 有機化学の手ほどき －その2－
13. 立体化学と異性体
14. 放射能と放射線

あなたと化学 －くらしを支える化学15講－

齋藤勝裕 著　B5判／2色刷／144頁／本体2000円＋税

化学初学者の幅広い興味に応えるために編まれた基礎化学の入門書．化学の本筋を易しく簡潔に解説した本文と，くらしにまつわる話題満載の側注記事やコラムによって，楽しみながら化学の知識を身に付けることができます．

【主要目次】
第Ⅰ部　化学の基礎
1. 原子と分子が全てをつくる
　　－原子の構造と化学結合－
2. 私たちは空気で囲まれている
　　－気体の状態と性質－
3. 地球は水の惑星 －水の特性と物質の状態－
4. 炭が燃えると熱くなる
　　－化学反応とエネルギー変化－
5. 元素の80％は金属元素 －金属の多彩な性質－
6. 有機物は炭素でできている －有機化学超入門－
7. 生命体をつくるもの －生体分子の世界－

第Ⅱ部　生活と化学
8. シャボン玉のふしぎ
　　－分子膜のはたらき－
9. 私たちの食べているもの －食料品の化学－
10. 毒と薬は同じもの？ －医薬品と毒物の化学－
11. プラスチックってなんだろう？
　　－高分子の化学－
12. 電気ってなんだろう？ －発光と化学エネルギー－
13. 原子力と電力の関係って？
　　－原子力と放射線の化学－
14. 家庭は化学実験室 －家庭の化学－
15. 環境は化学で成り立っている
　　－化学からみた地球環境－

環境・くらし・いのちのための 化学のこころ

伊藤明夫 著　B5判／2色刷／164頁／本体2000円＋税

【主要目次】第1部 環境を知る（水／大気／大地／環境化学物質／エネルギー）
第2部 くらしを知る（不思議な水の性質／ものが燃えるとは／溶ける・洗う／くっつくとは／色をつける／暮らしの中の金属／進化し続けるプラスチック）
第3部 いのちを知る（生体内で働いている分子たち／栄養と代謝／体内の化学情報伝達／からだを守るシステム）

裳華房ホームページ　http://www.shokabo.co.jp/　2016年11月現在

代表的な置換基・官能基

構　造	名　称	構　造	名　称
$-CH_3$	メチル基	$-\phenyl$	フェニル基[†]
$-CH_2CH_3$	エチル基	$-CH=CH_2$	ビニル基
$-CH_2-CH_2-CH_3$	プロピル基	$-NH_2$	アミノ基
$-CH_2-CH_2-CH_2-CH_3$	ブチル基	$-NO_2$	ニトロ基
$-OH$	ヒドロキシ基 （ヒドロキシル基）	$-CN$	ニトリル基 （シアノ基）
$\rangle C=O$	カルボニル基	$-SO_3H$	スルホン酸基
$-C\!\!\begin{array}{c}\nearrow O\\ \searrow H\end{array}$	ホルミル基		
$-C\!\!\begin{array}{c}\nearrow O\\ \searrow OH\end{array}$	カルボキシ基 （カルボキシル基）		

[†] フェニル基は$-C_6H_5$で表されることも多い．